作物蒸腾蒸发过程模拟及模型参数化研究

闫浩芳　张建云　王国庆　张　川　等著

黄河水利出版社

·郑州·

内 容 提 要

作物蒸腾蒸发量的准确估算是制定科学合理灌溉制度的重要依据,对于提高农田水分利用效率和作物产量及品质具有重要意义。本书基于对不同农田水热通量的系统观测,分析了不同植被覆盖农田水热通量特征,研究了气象因子、作物生长及土壤水分等因素对作物蒸腾蒸发量的影响;构建了单源(Penman-Monteith、Priestley-Taylor)及双源(Shuttleworth-Wallace、Revised-Dunal-Crop-Coefficient)潜热通量模型,量化了模型的关键参数——冠层阻力参数和空气动力学阻力参数,研究了模型及参数在温室和大田环境中的适用性;揭示了不同灌水处理对温室作物生长和生理特性、产量及水分利用效率的影响机制;最后,提出了未来需要进一步研究的科学问题和主要方向。

本书可供从事农业气象、水文水资源、农业水土工程、生态及环境资源等专业的研究人员,高等院校教师、研究生和本科生,政府决策部门的行政管理人员参考使用。

图书在版编目(CIP)数据

作物蒸腾蒸发过程模拟及模型参数化研究/闫浩芳
等著. —郑州:黄河水利出版社,2023.2
ISBN 978-7-5509-3109-1

Ⅰ.①作… Ⅱ.①闫… Ⅲ.①作物-蒸腾作用-过程
模拟-参数-研究 Ⅳ.①S161.4

中国版本图书馆 CIP 数据核字(2021)第 198863 号

策划编辑:岳晓娟 电话:0371-66020903 E-mail:2250150882@qq.com

出 版 社:黄河水利出版社　　　　　　　　　　　网址:www.yrcp.com
　　　　　地址:河南省郑州市顺河路黄委会综合楼14层　邮政编码:450003
发行单位:黄河水利出版社
　　　　　发行部电话:0371-66026940、66020550、66028024、66022620(传真)
　　　　　E-mail:hhslcbs@126.com
承印单位:河南新华印刷集团有限公司
开本:787 mm×1 092 mm　1/16
印张:9.5
字数:220 千字
版次:2023 年 2 月第 1 版　　　　　　　　　印次:2023 年 2 月第 1 次印刷

定价:88.00 元

前　言

　　农田生态系统中水热运移是气候环境变化影响的直接对象，全球气候变化导致我国极端天气气候事件频发、降水时空分布更加不均、极端强降水事件发生频次增加等现象，农田生态系统中水分的运移与转化过程伴随着热量的消耗和传递，水热的运移过程反作用于气候环境，准确模拟气候环境变化下不同作物覆盖农田潜热通量（蒸腾蒸发量）的动态过程，是完善农田水量和能量平衡理论的重要内容，是制定作物高效灌溉制度重要依据，同时也是科学应对气候变化、保障粮食安全的重要基础研究工作。

　　在国家"十四五"重点研发计划项目（2021YFC3201100）、国家自然科学基金项目（41860863、U2243228、51879162、52121006、51509107、51609103、51879164）、江苏省自然科学基金项目（BK20150509、BK20140546）及博士后基金项目（Bs510001）、水文水资源与水利工程国家重点实验室开放基金项目（2020nkzd01）及留学回国人员科研基金启动项目的支持下，本书对不同作物覆盖下大田及温室环境水热通量及其模拟过程等相关内容进行了深入系统的研究。

　　全书共分 7 章，第 1 章绪论，主要介绍了研究的科学意义、国内外相关研究进展及存在的问题；第 2 章介绍了苏南地区大田及温室种植环境下农田水热通量分配特征及影响因素；第 3 章介绍了估算不同农田潜热通量的单源模型及模型参数化过程；第 4 章介绍了估算大田及温室作物蒸腾和土面蒸发的双源模型参数化过程；第 5 章介绍了农田冠气温差的变化特征及在潜热通量模型中的应用；第 6 章介绍了温室主要作物的生长、生理及耗水过程对不同灌溉水量的响应特征；第 7 章概括了全书的主要结论，并提出了未来需要进一步研究的科学问题。

　　本书由张建云院士、闫浩芳博士设计并统稿，由闫浩芳博士、张建云院士、王国庆教授与张川博士执笔撰写。参与各章节内容研究和撰写的其他人员包括：赵宝山与黄松参与了第 3、4 章大田及温室试验数据分析及单源模型和双源模型的构建工作；鱼建军与黄松参与了第 2、5 章大田水热通量分析及冠气温差潜热通量模型构建等工作；毋海梅、李欣雨和马嘉敏参与了第 6 章温室作物灌水处理对作物生长过程影响的试验数据分析与研究工作；周裕栋参与了全书的校对工作。

　　在上述项目执行和本书的撰写过程中，自始至终得到了江苏大学袁寿其教授、李红教授，南京水利科学研究院关铁生教授、贺瑞敏教授、鲍振鑫教授、刘艳丽教授、刘翠善教授，黄河水利委员会水利科学研究院荆新爱教授等专家、同事的大力支持和帮助；同时，本书的出版得到了黄河水利出版社岳德军教授、岳晓娟女士的大力支持，作者对所有为本书出版做出贡献的老师、同事和朋友致以衷心的感谢！

农业是最大的水资源用户,作物蒸腾蒸发的精确模拟和预估涉及水资源开发利用和节水型社会建设等各个方面,然而作物蒸腾蒸发同时是一个复杂的水文循环过程,该领域的许多科学问题仍是较长时间内研究的热点和难点,限于作者水平,书中必定存在不足和局限之处,敬请广大读者批评指正!

作　者
2022 年 6 月

目　录

第 1 章　绪　论

1.1　研究背景与意义

我国水资源严重短缺,人均占有量不足世界平均水平的 1/4,水资源分布不均衡,且水体污染严重,水资源短缺问题已严重制约我国经济和社会的可持续发展[1]。农业是我国用水的第一大户,灌溉用水占全国用水总量的 70% 以上[2],受全球变暖影响,我国极端天气气候事件频发,可能会导致降水分布更加不均,干旱区域进一步扩大和极端强降水事件发生频次增加等现象,同时我国工业用水量和生活用水量不断增加,农业用水的问题日益严峻。

农田生态系统中,农作物获得能量主要来源于太阳短波辐射,太阳短波辐射需穿透大气才能被作物吸收,在该过程中伴随着水分传输和热量交换,水分传输和热量交换维持着农田生态系统的水热平衡[3]。在土壤-植物-大气连续体(soil-plant-atmosphere continum,简称 SPAC)系统内,水分和热量的运动过程关系密切,水分的运移和相变过程中同时伴随着热量的传输转化,保持着物质和能量的平衡状态,同时水热传输对农作物的生长发育有着很大影响。因此,对于农田水热通量的研究意义重大,对于保障我国粮食安全和实现农业可持续发展具有重要作用[4]。

农田生态系统中水分与热量主要由蒸腾蒸发消耗[5],蒸腾蒸发量是作物和土壤向大气中传输的水汽总通量,也即潜热通量(λET)。λET 是水量平衡与能量平衡的重要组成部分,同时又与作物的生理活动及生物产量的形成关系密切[6],关于 λET 的测定和估算是节水理论的基础性科学问题,农田的灌溉管理、区域水资源的利用规划及作物产量的模拟和预测等各项研究均需要 λET 的分析计算[7],准确地测定和估算 λET 对于指导农田灌溉排水、监测农业旱情、提高水资源利用效率意义重大[8]。

1.2　国内外研究现状

1.2.1　农田水热通量的分配特征

农田生态系统中水分的运移与转化过程同时伴随着热量的消耗和传递,水与热相辅相成、密不可分,对农田水热运动过程的研究主要基于农田水量平衡和能量平衡理论。国内外学者围绕不同生态系统农田水热传输特征,针对不同气候区域和作物覆盖类型开展了大量研究。

国内研究者对于农田水热通量不同分量的分配特征及影响因素的研究多数集中于北方地区大田作物,例如:Zhang 等[9]对北京地区夏玉米农田水热通量及其影响因素进行了分析,结果表明在连续三年夏玉米试验期间全生育期潜热通量、显热通量和土壤热通量占太阳净辐射的比例分别为 66.9%~70.7%、23.4%~26.1% 和 4.0%~9.2%,潜热通量主要受太阳净辐射、气温、饱和水汽压差和风速影响。Zhou 等[10]对我国东北地区玉米农田潜热通量的影响因素进行了分析,结果表明太阳净辐射对潜热通量的影响最大,然后依次是叶面积指数、饱和水汽压差、气温和土壤含水量。高红贝[11]对黑河中游干旱区冬小麦农田水热状况进行了研究,结果表明太阳净辐射能量主要由潜热通量消耗,潜热通量占太阳净辐射比例的最大值大于 60%。总体来讲,不同研究所得结果相似,但受气候和作物种类及生长季节的影响,水热通量各分量的分配数值存在较大的差异。

国外有研究者对比不同气候状况下水热通量分配特征的差异,例如:Campos 等[12]对巴西季节性干燥热带森林的水热状况进行了研究。结果表明,能量分配有较大的季节性差异,在旱季,潜热通量占太阳净辐射的比例约为 5%,显热通量占太阳净辐射的比例约为 70%,在雨季,显热通量占太阳净辐射的比例约为 40%;在年际尺度上,潜热通量和显热通量占太阳净辐射的比例分别为 20% 和 50%。

关于不同种植季节作物各生育期的水热通量分配特征,文建川[3]研究了江西地区早、晚稻生态系统的水热通量分配特征,结果表明:太阳净辐射对水热通量的影响最大,不同生育期能量分配的比例不同,早稻的潜热通量占太阳净辐射的比例在成熟期最大,显热通量占太阳净辐射的比例在返青分蘖期最大;而晚稻的潜热通量占太阳净辐射的比例在拔节孕穗期最大,显热通量占太阳净辐射的比例则在返青分蘖期和成熟期较大。土壤热通量占太阳净辐射的比例在不同生育期并没有明显的变化特征。

随着国内外农田及森林流域通量观测系统的建立与不断增多,关于不同陆面覆盖下水热通量的研究取得了较大的进展,众多学者关于水热通量的研究对国内水资源的调配、作物产量的提升和节水农业的发展起到了重要作用,不同植被覆盖下作物生育期内不同阶段能量分配特征的量化及水量平衡收支状况分析等相关内容,仍是今后需进一步深入研究的重点工作。

1.2.2　潜热通量的测定与模拟

1.2.2.1　潜热通量测定方法

潜热通量(λET)是农田蒸腾蒸发量(ET_c)的能量表示形式,是农田生态系统水热通量消耗的主要组成部分,准确地观测或模拟不同植被覆盖条件下 λET 的变化特征,是明确农田能量及水量收支分配的关键。

潜热通量 λET 的测定方法主要有水文学法、微气象学法、植物生理学法及红外遥感法等。其中,水文学法主要包括蒸渗仪法、水量平衡法和水分运动通量法等;微气象学法主要包括涡度相关法、空气动力学法和波文比-能量平衡法等;植物生理学法主要有气孔计法、同位素示踪法、离体快速称重法、风调室法和热脉冲法等;红外遥感法通常有数值模型、统计经验法、能量余项法和全遥感信息模型。

1. 水量平衡法

水量平衡法是计算 λET 的最基本方法之一,常用于检验或校核其他测定或估算方法。国内外学者基于水量平衡实测结果验证了不同的 λET 估算模型及土壤水分变化过程。例如,Srivastava 等[13]以水量平衡法计算的 λET 作为实测值,检验了 Penman-Monteith 公式在印度地区玉米农田的适用性;郑重等[14]应用水量平衡法预测石河子地区棉花田土壤含水量的变化过程,结果显示精度较高。

农田水量平衡方程可表示为[15]

$$P + I + W = \Delta W + ET_c + D + R \tag{1-1}$$

式中,P 为某一时段内的降水量,mm;I 为灌水量,mm;W 为地下水补给量,mm;ET_c 为实际蒸腾蒸发量,mm;D 为土壤深层渗漏量,mm;R 为地表径流量,mm;ΔW 为一定时间段内土壤含水量的变化量,mm。

水量平衡法适用范围广泛,适用于任何天气状况及非均匀下垫面,测量的空间尺度没有限制,在时间尺度上,该方法主要适用于较长时段(月、年)的蒸腾蒸发量。为了提高估算精度,通常需要布设一定数量的测点。使用该方法的主要难点是精确确定有效降水量、地下水补给量等分量,通常需要将方程简化处理,当地下水埋深较深时忽略地下水补给量,在干旱地区则忽略深层渗漏量,这些简化处理对测量精度影响很大。此外,该方法无法反映作物的生理生态特性,也不适用于计算较短时间尺度(日、小时)的 λET[16]。

2. 涡度相关法

涡度相关法是通过直接测定下垫面显热和潜热的湍流脉动值而求得作物 λET 的方法。该方法严格依据空气动力学理论推导而来,具有完备的物理学基础和较高的测量精度,是目前测定显热通量和潜热通量最直接、有效的方法之一,通常将其作为检验其他预测模型的标准[17-18]。其计算公式如下:

$$H = \rho c_p \overline{\omega' T'} \tag{1-2}$$

$$\lambda ET = \rho c_p \overline{\omega' q'} \tag{1-3}$$

式中,H 为显热通量,W/m²;λET 为潜热通量,W/m²;λ 为水汽化潜热,J/kg;ρ 为空气密度,kg/m³;c_p 为空气定压热容,J/(kg·K);ω' 为风速的脉动值,m/s;T' 为气温的脉动值,K;q' 为水汽密度的脉动值,kg/m³。

涡度相关系统仪器成本较高、维护困难,对测量区域环境条件要求较高,被测区域需下垫面均一且地势平坦。

3. 波文比-能量平衡法

1926 年,英国物理学家波文在研究自由水面的能量平衡时,将水汽从水面进入空气的蒸发和扩散过程类比于单位热能从水表面进入空气的传导过程,提出了波文比的概念[19],即显热通量(H)与潜热通量(λET)之比。

$$\beta = \frac{H}{\lambda ET} \tag{1-4}$$

根据梯度扩散原理,λET 和 H 可分别采用下式计算:

$$\lambda ET = - \frac{\rho_a c_p}{\gamma} K_w \frac{\partial e}{\partial z} \tag{1-5}$$

$$H = - \rho_a c_p K_h \frac{\partial T}{\partial z} \tag{1-6}$$

式中，ρ_a 为空气密度，kg/m^3；c_p 为空气定压比热，$MJ/(kg \cdot \text{℃})$；$\dfrac{\partial e}{\partial z}$ 为水汽压梯度；K_w 为水汽湍流扩散系数；$\dfrac{\partial T}{\partial z}$ 为温度梯度；γ 为湿度计常数，$kPa/\text{℃}$；K_h 为热量扩散系数。

根据相似原理，假设 $K_w = K_h$，则 β 可采用下式计算：

$$\beta = \gamma \frac{\partial T/\partial z}{\partial e/\partial z} = \gamma \frac{\Delta T}{\Delta e} \tag{1-7}$$

在农田生态系统中，能量平衡方程为

$$R_n - G = H + \lambda ET + S + PH \tag{1-8}$$

式中，R_n 为太阳净辐射，W/m^2；G 为土壤热通量，W/m^2；S 和 PH 分别为作物用于光合作用和生物量增加的能量，W/m^2，由于其值很小，通常可忽略不计。

综合波文比和能量平衡方程，则可得到

$$\lambda ET = \frac{R_n - G}{1 + \beta} \tag{1-9}$$

$$H = \frac{\beta}{1 + \beta}(R_n - G) \tag{1-10}$$

波文比-能量平衡法适用于空气温度和湿度垂直轮廓一致的情况，所需实测参数较少、计算简单且精度较好，长期以来得到了广泛的应用，常作为检验其他方法的标准。通常测点应位于田块中央，风浪区长度应为所布设的温度传感器和风速传感器高度的 100 倍以上，也有研究表明该值达到 20 倍即可获得可靠的观测结果[20]。原文文[21]以波文比-能量平衡系统实测值为参照基准，研究了涡度相关法能量闭合状况对森林 λET 测定的影响，发现使用涡度相关法和波文比-能量平衡法两种方法所测得的 λET 非常接近。Todd 等[22]以蒸渗仪实测值为基准，使用波文比-能量平衡法对苜蓿 λET 进行了模拟，结果表明 91% 的日间半小时尺度 λET 值和 71% 的夜间 λET 值是准确有效的。Gavilán 等[23]使用波文比-能量平衡法模拟了高羊茅 λET，结果表明该方法高估了 λET 约 5.5%。Pauwels 等[24]对比利时牧草 λET 的估算方法进行了对比分析，结果发现使用涡度相关法和波文比-能量平衡法两种方法所测得的 λET 非常接近。

4. 空气动力学法

空气动力学法基于近地面边界层相似理论，不需要净辐射和土壤热通量数据，物理概念简明清晰、理论成熟，广泛应用于计算地表湍流通量。但由于实际环境中大部分下垫面都是非均匀的，粗糙的下垫面必定对湍流场产生复杂的影响，因此在计算中往往存在较大误差[17]。

1.2.2.2　潜热通量的模拟方法

目前，用于模拟 λET 的方法主要有基于空气动力学理论的 Penman-Monteith 法、可以实现作物蒸腾和土壤蒸发分离估算的 Shuttleworth-Wallace 法、作物系数法和基于冠层温度的其他模拟方法。

1. Penman-Monteith 法

1948 年，Penman 基于空气动力学原理和能量平衡原理，针对英格兰南部地区，推导出可以用于模拟无水平水汽传输下的水面、裸露地面和牧草 λET 的理论公式[25]。1956年,引入干燥力的概念,得到 Penman 公式[26],该公式仅使用气象数据便可估算 λET。1959 年,Covey 引入气孔阻力的概念,将其应用到了整个植被表面。1965 年,Monteith 在 Penman 和 Covey 的基础上,提出了冠层阻力的概念,建立了 Penman-Monteith(PM)模型[27]。

PM 模型将作物冠层视为位于动量源汇处的一片"大叶",将作物冠层和土壤看作一层,忽略了作物冠层与土壤间的水热特性差异,对于稠密冠层的 λET 估算较为准确,但不适合估算稀疏冠层的 λET[28]。然而,有研究表明 PM 模型也可以用于估算一些稀疏植被的 λET[29]。PM 模型将气象因子和作物生理特性考虑在内,物理依据明确,能够清楚地表达作物蒸腾蒸发过程及影响机制,且计算过程相对简单,因此被广泛应用于估算不同作物的 λET[29-33],应用 PM 模型模拟作物 λET 的关键是确定模型中主要参数——冠层阻力参数(r_c)。

2. Shuttleworth-Wallace 法

1985 年,Shuttleworth 和 Wallace 在研究稀疏作物覆盖下的 λET 时,假设其冠层均匀覆盖,综合考虑了冠层和土壤的蒸腾蒸发过程,将作物冠层和土壤视为既相互独立又相互作用的两个水汽源,建立了 Shuttleworth-Wallace(SW)模型[34]。该模型将作物蒸腾和土壤蒸发区分考虑,提高了对稀疏植被 λET 的估算精度。Gong 等[35]利用 SW 模型对温室番茄的 λET 进行了模拟,结果表明当叶面积指数(leaf area index,LAI)较低(LAI = 0.5 ~ 2.7)时,SW 模型模拟精度较高,在不同天气条件及灌溉后,SW 模型的表现也较好。Huang 等[36]利用 SW 模型对温室黄瓜小时尺度 λET 进行了模拟,模拟精度较高。包永志[37]使用 SW 模型模拟了科尔沁四种不同地貌-土壤-植被组合单元的 λET,并以涡度相关系统所测数据对 SW 模型的模拟效果进行了验证,结果表明 SW 模型的模拟精度受气象环境的影响较大,晴天的模拟精度高于阴雨天,且雨天的模拟值均小于实测值。陈滇豫[38]使用 PM 和 SW 等模型对黄土高原地区雨养枣园 λET 进行了模拟及比较分析,结果显示 SW 模型的模拟结果与实测值更为接近。Liu 等[39]使用 SW 模型对华东地区水稻 λET 进行了模拟,结果表明 SW 模型可以较准确地模拟水稻 λET。

3. 作物系数法

作物系数法包括单作物系数法和双作物系数法。联合国粮食及农业组织(FAO)于 1998 年确定了作物系数的计算方法,并给出部分作物的参考值。但作物系数值受气候、土壤、作物类型及田间管理措施等因素的影响,不同地区及作物类型的作物系数值都不尽相同。因此,需根据当地实际情况对其进行修正或重新计算[40-41]。闫浩芳等[42]使用修正后的双作物系数法模拟了不同种植季节温室黄瓜 λET,结果显示双作物系数法可准确地估算黄瓜 λET。张福娟等[43]采用单作物系数法、双作物系数法和 Priestley-Taylor(PT)模型对我国西北地区冬小麦不同生育期 λET 进行了模拟,并以大型蒸渗仪实测值作为标准值进行了分析对比,结果表明双作物系数法的模拟精度最高,单作物系数法次之。王云霏[44]提出了适用于关中平原夏玉米的作物系数曲线,结果发现由于气候和 λET 测定方法的不同,作物系数值表现出很大的变异性,在夏玉米生长中期使用蒸渗仪实测 λET 数据计算出的作物系数显著高于使用涡度相关系统实测 λET 数据计算出的作物系数值。

4. 基于冠层温度模拟 λET 的方法

冠层温度是反映土壤和作物水分状况的重要指标,通过冠层温度判断作物水分状况,广泛应用的指标主要为冠气温差($T_c - T_a$)和作物水分胁迫指数(CWSI),其中冠气温差概念简单,反映了农田水分的平均状况,具有较好的代表性且容易获取,加之红外测温技术的快速发展,更进一步推动了使用冠气温差诊断作物水分状况的应用发展[45]。已有多位学者提出了基于冠气温差来估算 λET 的方法,其中 Brown 等[46]提出了以冠气温差来估算作物 λET 的 Brown-Rosenberg 模型(B-R 模型),蔡焕杰等[47]使用该模型估算了冬小麦郁闭地面后的 λET,结果表明 B-R 模型可以较好地模拟冬小麦 λET,其日内误差与波文比法相比小于 10%。

综上,PM 模型物理依据明确,能够清楚地表达作物蒸腾蒸发过程及其影响机制,且计算相对简单,因此被广泛地应用于估算不同类型作物 λET;SW 模型的优势在于可以将作物蒸腾和土壤蒸发分离模拟,但计算所需参数较多,相对复杂;作物系数法中基础作物系数和土面蒸发系数受气候、土壤和作物等众多因素的影响,需要根据当地实际状况进行修正;基于冠气温差的 B-R 模型是当前及未来智慧农业结合遥感数据应用的重要工具,可以较准确地模拟不同类型作物的 λET,使用 PM、SW 和 B-R 模型模拟作物 λET 的关键是各界面阻力参数及冠气温差的确定。

1.2.3　冠层阻力参数

作为 PM 模型中的重要参数,冠层阻力参数(r_c)的模拟精度直接影响 PM 模型对 λET 的估算精度。冠层阻力是一个虚拟的物理量,反映了作物不同层次、不同部位叶片的气孔阻力、土壤水分状况及冠层内空气动力学特性等因素对整个冠层蒸腾蒸发影响的总效果[48]。冠层阻力参数 r_c 难以使用仪器直接测定,一般通过间接方法求得,主要分为三类计算思路:一是反推法,即利用 λET 实测值,经由相关公式反推计算出 r_c;二是通过作物叶片气孔阻力的实测值,结合作物群体叶面积指数的空间垂直分布计算冠层阻力;三是通过环境因子胁迫函数法。

已有众多学者采用各种 r_c 计算公式,基于 PM 等模型来模拟不同作物 λET。李召宝[49]对北方冬小麦和夏玉米冠层阻力估算方法的研究表明,在植株和小区尺度上使用气孔阻力结合叶面积指数可以较准确地计算 r_c。董斌等[50]以能量平衡方程和空气动力学方程为基础,提出了冬季温室番茄 r_c 的计算公式,利用 PM 公式模拟了湖北地区温室番茄的 λET,取得了较高的精度。李璐等[51]使用 Jarvis 和 Kelliher-Leuning 两种 r_c 公式结合 SW 模型模拟玉米 λET,结果表明两种 r_c 公式都取得了较高的模拟精度。李玲[52]将十种 r_c 模型应用于 PM 模型中估算半干旱区玉米生长前期和后期的 λET,结果表明 Katerji-Perrier、修正后的 Leuning 模型和耦合的 r_c 模型都可以准确地模拟玉米生长前期的 λET,在生长后期 Stannard 模型的模拟精度最高。

Srivastava 等[13]将 Katerji-Perrier、Todorovic 和 Jarvis 三种 r_c 公式应用于 PM 模型来模拟玉米 λET,结果表明 Jarvis 和 Todorovic 公式精度较高。赵华等[48]参照 Jarvis 模型建立了 r_c 模型,并将该模型应用于 PM 模型中估算水稻田 λET,取得了很高的模拟精度。吴林等[53]将微气象因子和大气 CO_2 浓度对 r_c 的影响考虑在内,构建了 Irmak 模型,并将其与 PM 模型耦合来模拟玉米 λET,结果表明考虑大气 CO_2 浓度影响的 Irmak 模型与 PM 模型耦合能够很好地模拟玉米 λET。文建川等[54]将八种组合形式的 Jarvis 和 Irmak 公式应用到 PM 模型中模拟稻田 λET,结果表明 Irmak 模型对水稻全生育期 λET 的模拟效果最佳。

综上,不同的 r_c 计算方法在不同地区及气候条件下的适用性不尽相同,尽管致力于 r_c 模型的研究已有很多,但是不同 r_c 模型对于气候及作物类型的适用性仍尚无定论。

1.2.4　冠气温差

冠气温差作为反映土壤和作物水分状况的重要指标,其应用的关键是冠层温度的确定。作物冠层温度是指田间正常生长的作物其冠层各器官(茎、叶、穗等)表面温度的平均值[55],是反映作物水分状况的重要指标[56]。作物冠层吸收太阳辐射将其转化为热能,使得冠层温度升高,作物的蒸腾作用则会消耗热量,使得冠层温度降低。当作物水分充足时,蒸腾作用较强,冠层温度相对较低;而当作物水分亏缺时,蒸腾作用减弱,蒸腾作用所消耗的热量减少,使得冠层温度升高[57]。作物品种[58-59]、土壤水分[60]、气象因子[61]及施肥状况[62]等因素均会影响作物冠层温度。

冠层温度的测定方法主要有红外测温法和红外热成像法等。红外测温法反应速度快且操作方便,是目前测量农田和区域尺度作物冠层温度的常用方法[63]。红外热成像仪和红外测温仪都基于辐射原理工作,红外热成像仪的测量范围大于红外测温仪,且精度高于红外测温仪。

除了测量仪器,不同的观测时间也会对作物冠层温度测量结果的代表性、有效性等产生影响。赵扬博等[56]使用红外温度监测系统和 SUNSCAN 冠层分析仪测定水稻冠层温度,研究结果表明,12:00~14:00 的冠气温差值可以较好地反映当前水稻植株的生理状况,代表性最高,13:00 是冠气温差的最佳测定时间。徐银萍等[64]采用国产 BAU-1 型手持式红外测定仪,选择在晴天 13:30~15:30 测量冬小麦农田的冠层温度,观测时视场角取 5°,手持测温仪置于 1.5 m 高度,与冠层呈 30°夹角,结果表明,冬小麦灌浆期的冠层温度是表征不同冬小麦品种间冠层温度差异的最佳时期。殷文等[65]采用手持红外测定仪(FLUKE-59 Mini IR THERMOMETER),选择在晴天 08:00~18:00 测量玉米农田的冠层温度,测定高度位于玉米冠层上方 15 cm 处且与冠层呈 30°夹角,每 2 h 测定一次,取其平均值。彭程澄[66]采用红外热成像仪 FLUKE Ti125 测量水稻的冠层温度,测定位置选取在距小区 1.5~2.0 m 处且与冠层呈 15°夹角,每小区测定三次,取其平均值。谭丞轩[67]采用手持红外测温仪(RAYTEK,ST60+,美国)采集玉米冠层温度,测量时红外测温仪置于冠层上方 30 cm 高度处,坐北朝南以与水平线 15°夹角扫射玉米冠层,扫射范围约 120°。

已有大量研究表明,冠气温差与作物水分状况之间存在显著相关性。王纯枝等[45]分析了不同水分处理下夏玉米主要生育期内冠气温差与土壤含水量、叶面积指数及株高间的关系,结果表明不同的灌溉水质和灌溉措施都会对冠气温差产生显著影响,12:00~14:00 的冠气温差可以较好地反映作物和土壤的水分状况,可以用此时间段内卫星遥感冠层温度结合地面气象站数据来监测作物和土壤的旱情。徐烈辉等[68]基于太阳净辐射和冠气温差,构建了水稻日需水量估算模型,并引入叶面积指数对原模型进行修正,修正后模型相对误差为 5.07%,计算精度较高,可用于指导灌区实时用水管理。郑文强等[69]以阿克苏地区红枣为研究对象,基于 PM 公式理论模型,分析了冠气温差与土壤含水量及气象因子之间的关系,并以红枣各生育期适宜的土壤相对含水量下限值对应的冠气温差作为水分亏缺的判断指标,结果表明,阿克苏地区红枣在萌芽期和展叶期的临界冠气温差为 -1.1 ℃,开花期和幼果膨大期临界冠气温差为 -1.3 ℃,果实成熟期临界冠气温差为 -0.9 ℃,当晴天 14:00 的实测冠气温差大于对应生育期的临界冠气温差时需要进行灌溉。孙圣等[70]利用 13:00 时核桃园区的冠气温差数据建立土壤水分预测模型,取得了较好的模拟精度,可以有效地诊断区域尺度的土壤水分状况。黄凌旭等[71]利用河套灌区向日葵和玉米农田的冠气温差和气象数据对 Seguin-Itier 简化模型中的参数进行了率定,结果表明该模型可以较好地模拟当地玉米和向日葵 λET,且以 13:00 时的数据估算效果最佳。

综上,使用冠气温差来诊断作物水分状况具有良好的可操作性和实用价值,基于冠气温差估算作物 λET 的效果较为理想。

1.3　问题与不足

随着国内外水热通量观测系统的不断增多,国内外学者关于农田生态系统水热通量观测与模拟的相关研究已取得一系列进展,以往研究的不足之处主要体现在以下几点:

(1)气候环境及作物种类是影响农田水热通量分配的主要因子,以往关于农田水热通量的研究多是针对北方干旱地区大田种植环境,对于南方湿润地区及设施温室环境下农田水热状况、分配特征的量化及比较研究相对较少。此外,农田水热通量的分配与作物生长阶段密切相关,以往研究多以作物整个生育期为时间尺度进行分析,对于作物不同生育阶段的能量分配特征及水量平衡状况的量化研究亟待加强。

(2)准确模拟冠层阻力是使用 Penman-Monteith 模型模拟农田潜热通量 λET 的关键,不同的冠层阻力参数计算方法对作物及气候条件的适用性不尽相同,尽管致力于冠层阻力参数模型的研究已有很多,但众多模型对不同地区和作物的适用性仍存在争议,尤其是各种阻力参数模型在模拟温室环境下潜热通量的适用性仍不明确。

(3)用于分别模拟作物-大气和土壤-大气界面的蒸腾蒸发模型的参数化过程较复杂,常用的 Shuttleworth-Wallace 双源模型和 FAO-56 双作物系数模型在估算不同气候条件及不同作物覆盖农田蒸腾和蒸发时,需要分别确定反映作物-大气界面和土壤-大气界面水分扩散的阻力参数或模型系数,由于研究区作物种类及气候或土壤环境的差异,模型的精度及参数适用性存在较大的不确定性。

(4)基于冠气温差估算作物 λET 是实现应用卫星遥感数据于当今智能农业灌溉发展的重要基础工作,由于不同作物类型冠层结构随生育期的变化较大,冠层温度的准确观测难度较大,使得该方法在不同气候区域的应用受到了限制,分析冠层温度或冠气温差与其他气象或作物生长过程的响应关系,实现冠层温度的准确模拟具有重要意义。

(5)土壤水分通过影响作物根系吸水、蒸腾速率及光合作用等生理过程,最终影响作物生长、产量及品质。目前,有关土壤含水量(或灌水量)对作物生理生态指标的影响研究较多,研究表明作物生理生态指标对土壤水分状况的响应存在临界值,超过或低于临界值均不利于植株生长发育,达不到丰产、优质和节水的目的。针对温室控制环境下不同种植季节作物生理特性对土壤水分的响应研究报道甚少,不同程度的水分亏缺对温室作物生理生态指标、产量及 WUE 的影响仍需进一步研究。

　　因此,本研究选取苏南地区典型大田作物——冬小麦、夏玉米、茶树及温室种植黄瓜、茄子、番茄为研究对象,以波文比能量平衡观测系统、蒸渗仪和茎流计观测系统作为农田水热消耗的主要观测手段,采用热红外技术监测冬小麦、夏玉米、茶树及温室黄瓜冠层温度,综合分析苏南地区冬小麦、夏玉米、茶树及温室黄瓜种植下农田水热平衡状况;基于农田实测数据率定 Katerji-Perrier 和 Todorovic 两种冠层阻力参数子模型;分析冠气温差与气象因子、土壤水分间的定量关系;比较不同空气动力学阻力和冠层阻力参数子模型在温室及大田环境的适用性,分别基于 PM 和 B-R 模型模拟苏南地区冬小麦和夏玉米潜热通量,并基于实测值对模型精度进行验证;基于改进的方法分别模拟 FAO-56 双作物系数模型中基础作物系数和土壤蒸发系数,以及 SW 双源模型中作物和土壤与大气界面的阻力参数,在不同种植环境下应用改进的双作物系数模型及 SW 双源模型模拟作物蒸腾及土壤蒸发量,比较两种模型的准确性及差异性;在温室种植环境下,对黄瓜、茄子及番茄作物设置不同的灌水处理,研究温室内典型作物生长和生理过程、产量及水分利用效率对灌溉水量的响应特征。

第 2 章　大田及温室环境能量收支分配特征

农田生态系统涉及多种能量和物质交换及水文循环过程,研究农田水热通量变化特征对于认识农田水分运动过程和发展节水高效农业具有重要意义[72-74]。净辐射(R_n)、潜热通量(λET)、显热通量(H)和土壤热通量(G)是农田生态系统能量平衡的基本分量[75]。R_n 是农田生态系统最主要的能量来源,农田作物截获的 R_n 主要由 λET、H 和 G 消耗,其中 λET 占比最大。农田生态系统中辐射收支及热量分配对系统中水分转化和有效利用起决定性作用[11]。

国内外学者就各种类型生态系统中不同下垫面水热通量的变化特征及分配原理开展了大量研究,黄松[76]在对苏南地区温室黄瓜能量平衡分配研究分析中发现,黄瓜全生育期 λET 占 R_n 的比例高达 93%。Suyker 等[77]对美国内布拉斯加州灌溉玉米农田各通量的日、季节和年际变化特征进行了分析,结果发现在玉米生育期内 λET 在 R_n 中的占比约为 70%,其中在冠层稠密(LAI > 3)时期,$\lambda ET/R_n$ 值在 60% ~ 90% 范围内波动,在年际尺度上,λET 占比约为 60%。丁日升等[4]在对西北干旱内陆区玉米农田水热通量特征及主控因子的研究中发现,λET 是玉米农田系统中能量的主要消耗项,其季节变化与叶面积指数同步。

综上,不同地区农田水热通量变化特征存在较大差异。目前,对江苏南部湿润地区及温室环境下不同作物覆盖农田水热通量的分配特征及比较研究相对较少,本章基于苏南地区冬小麦、夏玉米和茶树及温室环境下微气象因子、土壤水分状况与潜热通量等实际观测数据,重点分析冬小麦、夏玉米、茶树及黄瓜生育期内微气象状况、不同覆盖农田水热通量的变化规律及分配特征。

2.1　农田水热通量观测及水量收支平衡分析

2.1.1　试验数据的采集

2.1.1.1　试验区概况

本研究大田试验在江苏省句容市和常州市金坛区试验田开展,试验区位置如图 2-1 所示。

茶园试验田位于江苏省句容市天王镇戴庄村,试验区属亚热带季风气候。试验于 2015 ~ 2018 年进行,试验茶园面积为 3 190 m²(长 55 m × 宽 58 m),试验茶园周围种植超过 7 000 m² 面积的茶树。茶园内茶树品种为安吉白茶,于 2014 年 3 月 5 日移栽,行间距为 1.2 m × 0.5 m[74]。根据 FAO-56 推荐和实际观测,从移栽到 2015 年年底划分为茶树的生长初期,2016 ~ 2018 年划分为茶树的生长中期[101]。因为茶园缺少连续的叶面积指数(LAI)实测数据,所以根据估算值将茶树在生长初期和中期的 LAI 分别设为 2.5 和

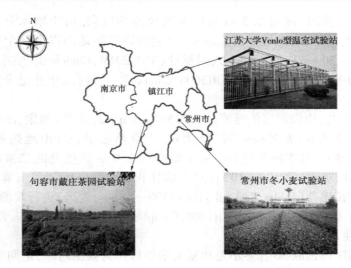

图 2-1　苏南地区不同试验田观测位置

3.0。本试验区的土壤为黏质土,田间持水量为28%[133]。

冬小麦和夏玉米试验田位于江苏省常州市金坛区尧塘镇汤庄村,试验区也属亚热带季风气候,四季分明;雨量充沛,年降水量 1 063.5 mm;日照充足,日照率46%;年平均气温15.3 ℃,无霜期228 d;年平均相对湿度为78%。试验地面积为 5 459 m²(长 103 m ×宽 53 m)。试验区地势平坦,土壤为壤质黏土,田间持水量为25%,凋萎点为9.6%,试验区光热等自然条件良好,适合冬小麦和夏玉米生长。本研究冬小麦试验共开展两季,第一季冬小麦于 2018 年 11 月 25 日播种,2019 年 6 月 3 日收割;第二季冬小麦于 2019 年 11月 10 日播种,2020 年 5 月 24 日收割。供试品种为扬麦 13,播种量为 300 kg/hm²。夏玉米试验开展一季,于 2020 年 6 月 24 日播种,2020 年 10 月 22 日收割,供试品种为晶彩花糯 5 号,种植密度为 6 万株/hm²。冬小麦生育期内未进行灌溉,夏玉米生育期内补充灌溉水量为 95 mm,田间其他管理措施同当地农民栽培习惯一致。

温室试验于 2019 年 3~7 月和 2020 年 4~7 月在江苏大学现代农业装备与技术省部共建重点实验室的 Venlo 型温室内进行(31°56′ N,119°10′ E,海拔 23 m)。试验地也属于亚热带季风气候,室外常年平均气温 15.50 ℃,年均降水量 1 058 mm,平均相对湿度为76%,年平均风速为 3.4 m/s,年日照时数 2 051.7 h,无霜期 239 d。Venlo 型温室占地面积 640 m²(长 32 m × 宽 20 m),温室檐高 4.4 m,跨度 6.4 m。温室覆盖厚 4 mm 的浮法玻璃,透光率超过89%。本研究所选四种试验田均位于江苏省且为临近地区,具有非常相似的气候条件及类型,对于该研究中分析不同作物覆盖类型水热通量的分配特征及模拟具有一定的可比性。

2.1.1.2　微气象数据的观测

大田(茶树、冬小麦和夏玉米)试验地中央安装有波文比-能量平衡观测系统,使用四分量辐射仪(CNR4,Kipp & Zonen,荷兰)观测 2.5 m 高度处太阳净辐射;由温湿度传感器(HMP155A, Vaisala,芬兰)观测地表以上 1.5 m 和 2.5 m 高度处气温和相对湿度;由土壤热通量传感器(HFP01,Campbell Scientific,美国)测量土壤热通量;由三杯风速传感器

（A100L2，MetOne，美国）测量 2.5 m 高度处的风速和风向；由土壤水分传感器（Hydra probe，Stevens，美国）测定土壤体积含水量，分别埋设在距地面以下四个不同深度处（5 cm、10 cm、20 cm、50 cm）；使用翻斗式雨量计（TE525MM，Campbell，美国）记录降雨量。以上所有数据均由自动数据采集器（CR3000，Campbell，美国）采集并记录每 10 min 的平均值。

温室内气温（T_a）由温湿度传感器（HMP155A，Vaisala，芬兰）测定，净辐射（R_n）由净辐射仪（NR Lite 2，Kipp & Zonen，荷兰）测定，土壤热通量（G）由地热通量板（HFT3，Campbell，美国）测定，温室内风速（u）采用安装在 2.0 m 高度处的二维超声波风速仪 1405-PK-021（Gill，英国）测定，5~10 cm 处土壤体积含水量（SWC）和土壤温度（T_s）采用土壤水分和温度传感器（Hydra Probe II，TSL11300-Stevens，美国）进行观测。所有气象数据每 10 s 采集 1 次，由数据采集器（CR1000，Campbell，美国）每隔 10 min 自动记录。

2.1.1.3　作物生理生态指标的观测

在试验区内随机选取 30 株冬小麦和夏玉米植株作为观测对象，定期测量植株高度，测量频率为每周一次，同时记录不同作物生育期日期。对整株作物所有叶片的长度和宽度定期进行无破坏测定，采用长宽系数法计算叶面积指数，测定频率为每周一次。

在冬小麦和夏玉米生长关键生育期，选择晴朗无风天气，随机选取 10 株具有代表性的作物，使用 GFS-3000 光合仪测定净光合速率、蒸腾速率和气孔导度，测定部位为叶片的正面中部，观测时间为 08:00~18:00，每小时测定一次。使用红外测温仪（SI-111，Apogee，美国）连续测定茶树、冬小麦和夏玉米生育期内冠层温度，仪器距冠层上方 30 cm 左右，探棒倾角为 30°，为了降低或避免土壤背景信息的影响，测温仪探头高度随作物生长进行调整。人工收割测定冬小麦、夏玉米的产量及相关指标。

在黄瓜整个生育期，选择 12 株长势均匀、无病虫害且生长良好的植株，每隔 7 d 测量一次黄瓜生长形态参数（株高、茎粗和叶面积）。叶面积指数 LAI 同样采用叶片长和宽系数法计算，折算系数取 0.657[185]。使用 GFS-3000 光合仪测定黄瓜叶片净光合速率、蒸腾速率和气孔导度，测定部位为叶片正面中部，观测时间为 08:00~18:00，每小时测定一次。使用红外测温仪（SI-111，Apogee，美国）连续测量黄瓜生育期冠层温度。

2.1.1.4　农田潜热通量实测值的确定

本书采用波文比-能量平衡法计算茶园、冬小麦和夏玉米农田潜热通量，具体方法见 1.2.2.1 部分，该方法仅需观测冠层以上两个不同高度处的温度、湿度要素值，所需实测参数少，计算简单。为了保证数据的有效性，本书剔除了波文比值接近 -1 的数据，选择 08:00~18:00 的数据分析不同农田潜热通量的日变化特征。

采用 4 台自动连续称重电子天平（Mettler Toledo，荷兰）和包裹式茎流计（Flow32-1k system，Dynamax，美国）测量桶栽黄瓜 λET 和黄瓜植株茎流速率（T_r），试验桶直径为 0.30 m、高为 0.50 m，试验过程中采用透明聚乙烯薄膜覆盖桶内土壤表面，阻止桶内土面与大气界面潜热通量。天平的放置位置与土槽内种植黄瓜的种植密度一致。天平数据由数据采集器（CR1000，Campbell，美国）每 10 min 自动记录。本研究中 λET 实测值由下式计算[36]：

$$\lambda ET = \lambda \frac{\rho(m_{t_{i+1}} - m_{t_i}) \times 10^{-3}}{t_{i+1} - t_i} \tag{2-1}$$

式中：λET 为蒸腾蒸发量（表示为潜热通量），W/m²；λ 为水的汽化潜热，J/kg；ρ 为黄瓜种植密度,株/m²;$m_{t_{i+1}}$ 和 m_{t_i} 分别为天平相邻 t_{i+1} 和 t_i(s)时刻的读数,g。

本研究中假设植被层中的平流和热量存储可以忽略不计,显热通量(H)可以由能量平衡方程式计算[36]:

$$H = R_n - \lambda ET - G \qquad (2\text{-}2)$$

式中:R_n 为太阳净辐射,W/m²;G 为土壤热通量,W/m²;H 为显热通量,W/m²。

农田潜热通量实测数据的准确采集是模型参数率定及模型精度验证的关键,本研究对农田潜热通量实测数据均进行了可靠性验证及准确性筛选。

2.1.2   苏南地区典型作物生育期内水量收支

2.1.2.1   不同作物生育期内微气象特征

气象因子是影响农田水热通量分配的主要因素,作物生长及水热运移又会反作用于农田微气象环境。图 2-2 为 2015~2018 年茶园微气象要素[太阳净辐射、风速、饱和水汽压差(vapor pressure deficit,VPD)和温度]逐日变化过程。茶树于 2014 年 3 月 5 日移栽,试验观测日期为 2015 年 1 月 1 日(DOY=1,DOY 代表年积日,day of year)至 2018 年 10 月 17 日(DOY=290)。太阳净辐射的日变化范围为 0~590 W/m²,4 年的日平均值依次为 243 W/m²、230 W/m²、238 W/m² 和 290 W/m²。2.5 m 高度处的风速日平均值分别为 2.7 m/s、2.4 m/s、2.5 m/s 和 2.2 m/s。气温的日变化范围为 −7.1~37.0 ℃,日平均值为 17.9 ℃,其中,2018 年的日平均气温最大(19.6 ℃),2017 年的最小(15.3 ℃)。气温在 7 月下旬达到日最大值(37.0 ℃),饱和水汽压差也相应地达到了最大值(2.45 kPa),饱和水汽压差的日平均值为 0.78 kPa。

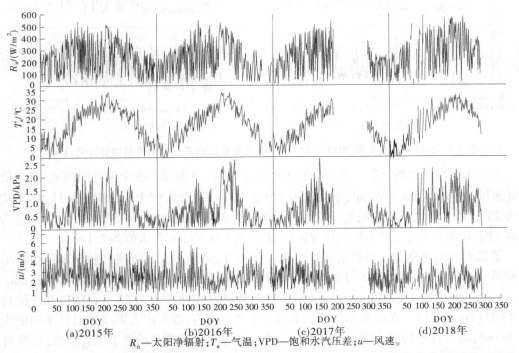

R_n—太阳净辐射;T_a—气温;VPD—饱和水汽压差;u—风速。

图 2-2   2015~2018 年茶园微气象要素逐日变化过程(2017 年、2018 年由于仪器故障,部分数据缺失)

2018～2019 季和 2019～2020 季冬小麦生育期内微气象要素（气温、水汽压差、太阳净辐射及风速）的日均值变化过程如图 2-3 所示。2018～2019 季冬小麦生育期内，R_n 日均值变化范围为 0～131.8 W/m²，平均值为 60.1 W/m²，其值在 5 月较高；T_a 平均值为 10.5 ℃，在冬季最小值接近 0 ℃，在越冬期达到最低，然后呈上升趋势，5 月末达到最高值 27 ℃；VPD 的变化规律与 R_n 和 T_a 相似，变化范围为 0.02～2.16 kPa，平均值为 0.41 kPa；风速 u 没有明显的变化规律，平均值为 1.2 m/s，最大值为 3 m/s。2019～2020 季冬小麦全生育期内，R_n 的变化范围为 0～116 W/m²，平均值为 52.1 W/m²，较大值也主要出现在 5 月；T_a 平均值为 11 ℃，在冬季最小值为 0.6 ℃，在越冬期达到最低，然后呈上升趋势，5 月末达到最高值 26.5 ℃；VPD 变化范围为 -0.03～1.55 kPa，平均值为 0.38 kPa；风速 u 平均值为 1.2 m/s，最大值为 2.7 m/s。

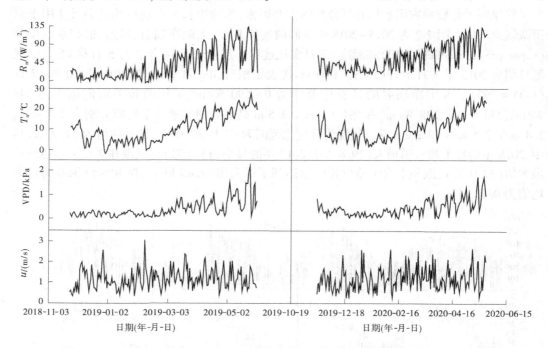

图 2-3　2018～2019 季和 2019～2020 季冬小麦生育期内微气象要素日均值变化过程

夏玉米生育期内微气象要素日均值变化过程如图 2-4 所示。在全生育期内 R_n 日均值变化范围为 16.8～208.9 W/m²，平均值为 110.2 W/m²，其较大值主要出现在 8 月；T_a 平均值为 25.1 ℃，7 月底至 8 月底 T_a 达到最大；VPD 的变化范围为 -1.44～1.69 kPa，平均值为 0.63 kPa；风速 u 的变化没有明显的规律性，平均值为 0.8 m/s，最大值为 2.1 m/s。

黄瓜不同生育期微气象要素逐日变化过程如图 2-5 所示。春夏季和秋冬季种植黄瓜的移栽日期分别为 2018 年 3 月 23 日（DAT=1，DAT 代表移栽后的天数，days after transplanting）和 9 月 17 日（DAT=1），试验结束日期分别为 2018 年 6 月 23 日（DAT=92）和 12 月 17 日（DAT=91）。在春夏季种植黄瓜的整个生育期内，温室内太阳净辐射日平均值为 72 W/m²，最大日平均值达到了 158 W/m²；而在秋冬季种植黄瓜的整个生育期内，日平均

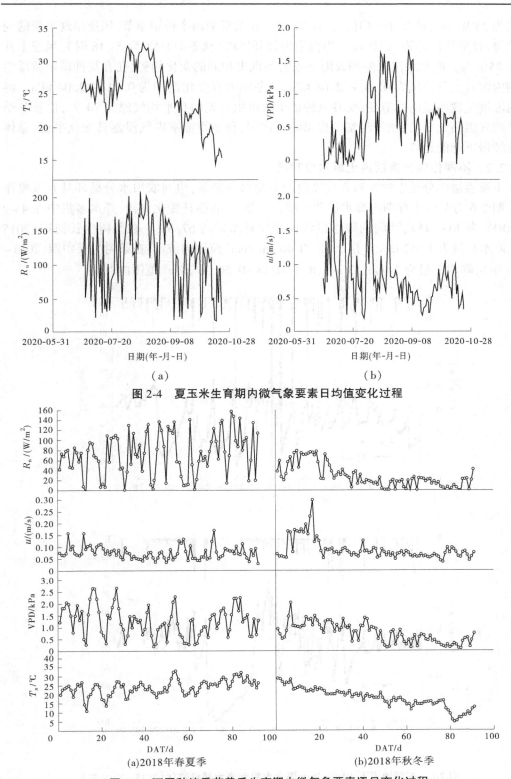

图 2-4　夏玉米生育期内微气象要素日均值变化过程

(a)2018年春夏季　　　　　　　　(b)2018年秋冬季

图 2-5　不同种植季节黄瓜生育期内微气象要素逐日变化过程

值仅为 28 W/m², 最大日平均值为 80 W/m²。在黄瓜的两个种植季节, 风速呈现平稳的变化趋势, 日平均值均为 0.10 m/s;当温室内打开风机(秋冬季 DAT 为 5~18 时), 风速上升到 0.25 m/s。饱和水汽压差和太阳净辐射表现出相同的变化趋势, 在春夏种植季黄瓜生育期内的日变化范围为 0.21 ~ 2.68 kPa, 秋冬季的日变化范围为 0.11 ~ 2.04 kPa。温室内温度呈现明显的季节变化, 春夏种植季黄瓜生育期的日平均气温为 24 ℃, 比秋冬季日平均气温高 6.2 ℃;由于温室的保温隔热作用, 秋冬季温室内气温逐日变化平稳, 总体呈现缓慢下降的趋势。

2.1.2.2 不同作物生育期内土壤水分状况

土壤表层水分是作物能够直接吸收的主要水分来源, 也对农田水分循环具有重要作用。图 2-6 为茶树生育期内降水量和土壤含水量 θ_s 的逐日变化规律, 降水多集中在 4~9 月(DOY 为 90~245), 其间的降水量约占全年降水量的 67.5%。在茶树生长初期(2015 年), 降水总量为 1 052 mm, θ_s 在 0.23~0.46 cm³/cm³ 范围内波动;在茶树生长中期(2016~2018 年), 降水总量为 2 040.13 mm, θ_s 在 0.18~0.50 cm³/cm³ 范围内波动。

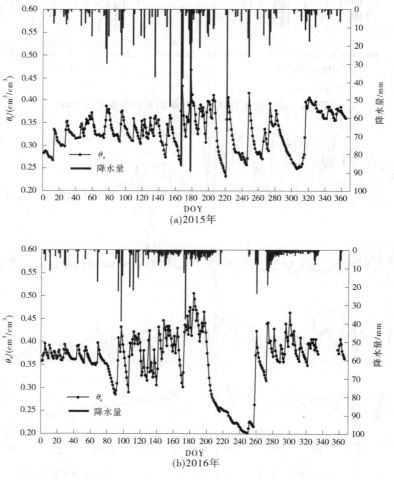

图 2-6　茶园地表下 10 cm 处土壤含水量和降水量日变化(2015~2018 年)

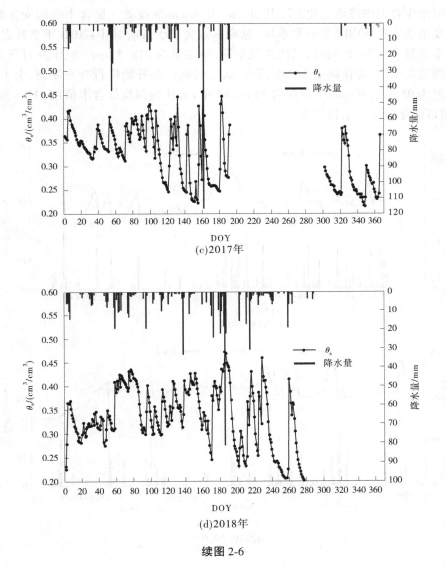

(c)2017年

(d)2018年

续图 2-6

冬小麦生育期内降水变化情况及 20 cm 和 50 cm 深度处土壤含水量的变化如图 2-7 所示。2018~2019 季,冬小麦生育期内降水分布不均,总降水量为 404.5 mm,其中:2018 年 12 月出苗期降水量最多(121.5 mm);其次为 2019 年 2 月的越冬返青期,降水量为 101.3 mm,该期间冬小麦生理耗水逐渐增加,气温升高,蒸腾蒸发量逐渐增加。2019 年 1 月、4 月、5 月降水量相近,分别为 62.5 mm、47 mm、50.6 mm。2019 年 3 月、4 月、5 月为冬 小麦返青起身至成熟期,是冬小麦生育旺盛期,蒸腾蒸发量较大,需要较多的降雨或灌溉 补充作物消耗的水分,全生育期内各深度处土壤含水量均在 12%~30%的范围内波动,可 以满足小麦耗水需求,因此试验期间未对冬小麦进行灌溉补水;2019~2020 季小麦生育期 总降水量略高于 2018~2019 季(419.1 mm)。小麦全生育期内 20~50 cm 土壤深度处含 水量在 13%~28%范围波动,可以满足作物耗水需求。

夏玉米生育期内降水变化情况及 20 cm 和 50 cm 深度处土壤含水量的变化如图 2-8 所示。夏玉米生育期内降水分布不均,总降水量为 795 mm,其中:2020 年 7 月夏玉米三叶期降水量最多(229.8 mm);其次为拔节期,降水量为 218.3 mm。8 月、9 月气温较高,田间蒸腾蒸发量大,为保证玉米耗水需求,从大喇叭口期开始进行补充灌溉,全生育期总灌溉水量为 95 mm,夏玉米生育期内 20 cm 和 50 cm 土壤深度处含水量在 13%~30% 范围波动,可以满足夏玉米生长需水。

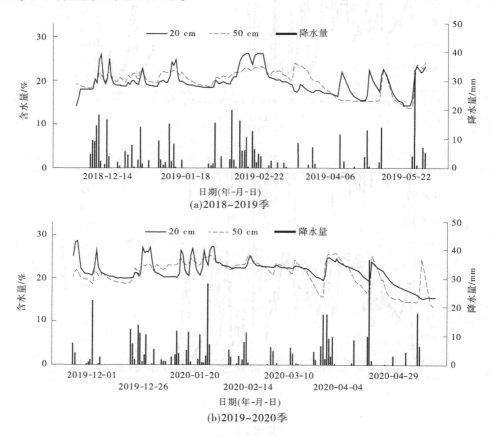

(a)2018~2019季

(b)2019~2020季

图 2-7 冬小麦生育期内降水变化情况及 20 cm 和 50 cm 深度处土壤含水量的变化

2.1.2.3 温室黄瓜生育期内土壤水分状况

图 2-9 为温室黄瓜生育期内灌溉水量及地表以下 10 cm 处土壤含水量 θ_s 的逐日变化规律。从图 2-9 可以看出,温室内 θ_s 在每次灌水后迅速增大。在春夏季种植黄瓜生育期内,共灌溉 21 次,灌溉总水量约为 242 mm,θ_s 在 19.17%~41.86% 之间波动;在秋冬季种植黄瓜生育期内,由于黄瓜苗受到病虫害,在 DAT 为 10~20 之间设置每天早晨(06:00)自动灌溉 5 min,每次灌溉水量约为 3 mm,整个生育期内共灌溉了 20 次,灌溉总水量约为 130 mm,θ_s 在 17.56%~43.37% 之间波动,黄瓜移栽前 θ_s 接近土壤凋萎系数(16%)。

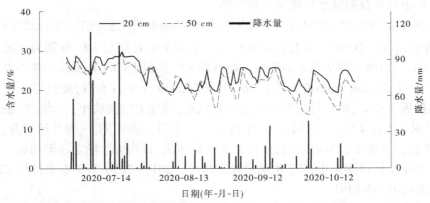

图 2-8　夏玉米生育期内降水变化情况及 20 cm 和 50 cm 深度处土壤体积含水量的变化

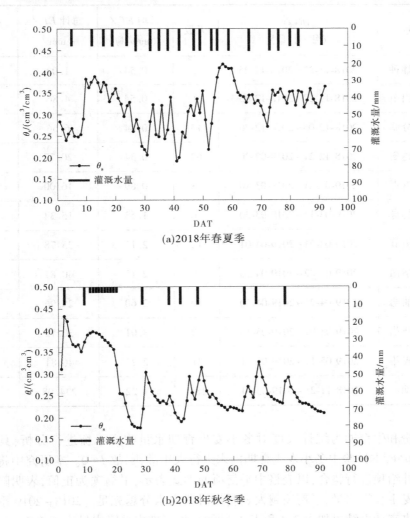

(a)2018年春夏季

(b)2018年秋冬季

图 2-9　温室黄瓜生育期内灌溉水量及地表以下 10 cm 处土壤含水量的逐日变化规律

2.1.2.4 冬小麦生育期耗水规律与水量平衡

2018~2019 季和 2019~2020 季冬小麦不同生育期蒸腾蒸发量(ET_c)统计结果如表 2-1 和表 2-2 所示,2018~2019 季和 2019~2020 季冬小麦全生育期总 ET_c 分别为 234.08 mm 和 225.95 mm。2018~2019 季冬小麦开花期日均 ET_c 值最大(3.01 mm)。冬小麦全生育期日均 ET_c 为 1.22 mm,最小值为 0.1 mm,出现在 2019 年 2 月 8 日,此时冬小麦处于越冬期,气温接近于 0 ℃,生长过程基本处于停止状态,因此 ET_c 值较小;日均 ET_c 最大值为 4.7 mm,出现在 5 月 4 日(开花期)。2 月 21 日冬小麦进入返青期,气温开始回升,冬小麦处于营养生长和生殖生长并进阶段,生长速度开始加快,日均 ET_c 随之逐渐增加。直至生育后期,冬小麦生长逐渐停止,ET_c 也随之逐渐减小。2019~2020 季冬小麦日均 ET_c 变化规律与 2018~2019 季相似。

表 2-1　2018~2019 季冬小麦不同生育期蒸腾蒸发量 ET_c 统计结果

生育期		阶段 (年-月-日)	天数	日均 ET_c/ (mm/d)	总计 ET_c/ mm	全生育期 占比/%
前期	播种	2018-11-25 ~ 2018-11-26	2	0.54	1.07	0.5
	出苗	2018-11-27 ~ 2018-12-05	9	0.54	4.86	2.1
	分蘖	2018-12-06 ~ 2018-12-20	15	0.44	6.56	2.8
	越冬	2018-12-21 ~ 2019-02-20	62	0.34	20.77	8.9
	返青	2019-02-21 ~ 2019-03-10	18	0.89	16.00	6.8
中期	起身	2019-03-11 ~ 2019-03-20	10	1.53	15.34	6.6
	拔节	2019-03-21 ~ 2019-04-01	12	2.15	25.78	11.0
	孕穗	2019-04-02 ~ 2019-04-20	19	2.15	40.81	17.4
	抽穗	2019-04-21 ~ 2019-04-30	10	2.60	25.96	11.1
后期	开花	2019-05-01 ~ 2019-05-10	10	3.01	30.12	12.9
	成熟	2019-05-11 ~ 2019-05-31	21	2.23	46.81	20.0
全生育期		2018-11-25 ~ 2019-05-31	188	1.22	234.08	100.0

以月份和生育期为统计尺度对冬小麦生育期水量收支平衡进行分析,具体方法见 1.2.2.1 部分,本试验中冬小麦生育期内未进行人工灌溉,故 $I = 0$。本研究中将深层渗漏及地下水补给项进行整合,以表格中平衡项的形式表示,平衡项为正值,表明降水量可以满足冬小麦生长需水量,平衡项越大表明该时段内水分越充足。2018~2019 季冬小麦生育期水量收支计算结果如表 2-3 和表 2-4 所示,生育期内总降水量为 404.5 mm,ET_c 总量

表 2-2　2019~2020 季冬小麦不同生育期蒸腾蒸发量 ET_c 统计结果

生育期		阶段 （年-月-日）	天数	日均 ET_c/ （mm/d）	总计 ET_c/ mm	全生育期 占比/%
前期	播种	2019-11-17~2019-11-18	2	0.48	0.95	0.4
	出苗	2019-11-19~2019-11-27	9	0.52	4.70	2.1
	分蘖	2019-11-28~2019-12-12	15	0.49	7.41	3.3
	越冬	2019-12-13~2020-02-12	62	0.29	17.71	7.8
	返青	2020-02-13~2020-03-02	19	1.06	19.11	8.5
中期	起身	2020-03-03~2020-03-12	10	1.33	13.26	5.9
	拔节	2020-03-13~2020-03-24	12	2.02	24.21	10.7
	孕穗	2020-03-25~2020-04-12	19	2.37	45.10	20.0
	抽穗	2020-04-13~2020-04-22	10	2.37	23.74	10.5
后期	开花	2020-04-23~2020-05-02	10	2.87	28.71	12.7
	成熟	2020-05-03~2020-05-23	21	1.87	41.05	18.2
全生育期		2019-11-17~2020-05-23	189	1.21	225.95	100.0

为 234.1 mm。在冬小麦生长前期，降水量远大于 ET_c，尤其在 2018 年 12 月，由于降水时间较长及雨型较急，导致水分不能及时入渗，土壤表层水分饱和，此时应适量排水，以免土壤根系层水分过多抑制冬小麦正常生长或导致烂根等病害。尽管生育期内总降水量大于总 ET_c，但自 3 月拔节期开始，冬小麦均出现了不同程度的水分亏缺现象，因此在该时段应进行灌溉来补充水分。2019~2020 季冬小麦水量平衡分析结果如表 2-5 和表 2-6 所示，其结果与 2018~2019 季相似，生育期内总降水量大于总 ET_c，但 2020 年 4 月和 5 月 ET_c 大于降水量，降水量不能满足冬小麦耗水需求。

综上所述，尽管苏南地区总降水量充沛，但降水时空分布不均，梅雨期内暴雨频发和强降水集中，在拔节期至成熟期冬小麦仍需补充灌溉，来满足冬小麦的生长需水。

2.1.2.5　夏玉米农田耗水规律与水量收支平衡分析

夏玉米生育期内各阶段的 ET_c 如表 2-7 所示，生育期内总 ET_c 为 318.8 mm。大喇叭口期 ET_c 日均值最大(3.7 mm)，由于夏玉米成熟期在 10 月中旬，太阳辐射减弱，气温下降，玉米生长基本停止，导致成熟期 ET_c 日均值最小(1.4 mm)。小喇叭口期、大喇叭口期、灌浆期、抽雄期和开花期玉米 ET_c 在全生育期的占比较大，分别占全生育期耗水总量的 15.8%、15.2%、14.4%、10.4% 和 10.1%。

表 2-3　2018~2019 季冬小麦不同月份水量平衡统计结果

年份	月份	ET_c/mm	日均 ET_c/mm	P/mm	日均 P/mm	ΔW/mm	平衡项/mm
2018 年	11	3.4	0.7	0	0	-0.2	-3.2
	12	12.9	0.4	121.5	3.9	3.1	105.5
2019 年	1	10.6	0.3	62.5	2.0	1.5	50.4
	2	19.3	0.7	101.3	3.6	8.2	73.8
	3	35.4	1.1	21.6	0.7	-3.0	-10.8
	4	75.6	2.5	47	1.6	-2.1	-26.5
	5	76.9	2.5	50.6	1.6	-4.1	-22.2
总计		234.1	—	404.5	—	3.4	167.0

表 2-4　2018~2019 季冬小麦不同生育期水量平衡统计结果

生育期	ET_c/mm	日均 ET_c/mm	P/mm	日均 P/mm	ΔW/mm	平衡项/mm
前期	49.3	0.5	289.3	2.7	13.2	226.8
中期	107.9	2.1	64.6	1.3	-5.7	-37.6
后期	76.9	2.5	50.6	1.6	-4.1	-22.2
总计	234.1	—	404.5	—	3.4	167.0

表 2-5　2019~2020 季冬小麦不同月份水量平衡统计结果

年份	月份	ET_c/mm	日均 ET_c/mm	P/mm	日均 P/mm	ΔW/mm	平衡项/mm
2019 年	11	6.6	0.5	37.3	2.9	1.6	29.1
	12	12.1	0.4	70.0	2.3	5.2	52.7
2020 年	1	17.8	0.6	95.8	3.1	7.2	70.8
	2	26.9	1.0	43.8	1.6	1.3	15.6
	3	39.7	1.3	82.4	2.7	3.6	39.1
	4	73.1	2.4	57.8	1.9	-2.4	-12.9
	5	49.7	2.3	32.0	1.5	-3.9	-13.8
总计		225.9	—	419.1	—	12.6	180.6

表 2-6　2019~2020 季冬小麦不同生育期水量平衡统计结果

生育期	ET_c/mm	日均 ET_c/mm	P/mm	日均 P/mm	ΔW/mm	平衡项/mm
前期	49.9	0.5	247.2	2.3	15.2	182.1
中期	106.2	2.1	139.7	2.7	1.4	32.1
后期	69.8	2.2	32.2	1.0	−4.0	−33.6
总计	225.9	—	419.1	—	12.6	180.6

表 2-7　夏玉米不同生育期蒸腾蒸发量及全生育期占比统计结果

生育期		日期	天数	日均 ET_c/(mm/d)	总计 ET_c/mm	全生育期占比/%
前期	播种	6 月 24 日至 6 月 25 日	2	2.1	4.3	1.3
	出苗	6 月 26 日至 7 月 3 日	8	2.5	20.2	6.3
	三叶	7 月 4 日至 7 月 12 日	9	2.6	23.7	7.4
中期	拔节	7 月 13 日至 7 月 25 日	13	2.1	27.4	8.6
	小喇叭口	7 月 26 日至 8 月 10 日	16	3.1	50.3	15.8
	大喇叭口	8 月 11 日至 8 月 23 日	13	3.7	48.4	15.2
后期	抽雄	8 月 24 日至 9 月 2 日	10	3.3	33.2	10.4
	开花	9 月 3 日至 9 月 12 日	10	3.2	32.2	10.1
	抽丝	9 月 13 日至 9 月 20 日	8	2.0	16.0	5.0
	灌浆	9 月 21 日至 10 月 10 日	20	2.3	45.9	14.4
	成熟	10 月 11 日至 10 月 22 日	12	1.4	17.2	5.4
全生育期		6 月 24 日至 10 月 22 日	121	2.6	318.8	100.0

以月份和生育期为统计尺度对夏玉米农田进行水量平衡分析,本试验研究从夏玉米大喇叭口期开始进行灌溉,全生育期总灌溉水量为 95 mm。水量平衡分析结果如表 2-8 和表 2-9 所示,夏玉米全生育期内降水量和灌溉水量总量为 890 mm,总 ET_c 为 318.8 mm,未被作物根系吸收利用的水分主要渗入土壤补充地下水,在夏玉米生长前期,降水量远大于 ET_c 耗水量,尤其 7 月降水量高达 480.2 mm。但 8 月中旬开始,太阳辐射达到年内最高值,该时段玉米生长速度加快,生理耗水快速增加,降水量相对较小,为避免玉米发生水分亏缺,进行了人工补充灌溉。

表 2-8　夏玉米不同月份水量平衡统计结果

月份	ET_c/mm	日均 ET_c/mm	$P+I$/mm	日均 $P+I$/mm	ΔW/mm	平衡项/mm
6	18.5	3.1	94.3	15.7	6.2	69.6
7	74.1	2.4	480.2	15.5	7.3	398.8
8	121.9	3.9	133.7	4.3	1.6	10.2
9	67.1	2.2	100.9	3.4	3.2	30.6
10	37.2	1.7	80.9	3.7	5.2	38.5
总计	318.8	—	890		23.5	547.7

表 2-9　夏玉米不同生育期水量平衡统计结果

生育期	ET_c/mm	日均 ET_c/mm	$P+I$/mm	日均 $P+I$/mm	ΔW/mm	平衡项/mm
前期	48.2	2.5	328.1	17.3	13.9	266.0
中期	126.1	2.9	318.2	7.4	6.5	185.6
后期	144.5	2.4	243.7	4.1	3.1	96.1
总计	318.8	—	890	—	23.5	547.7

2.2　大田及温室种植环境下农田能量收支分配特征

2.2.1　不同作物覆盖农田能量收支分配的变化特征

2.2.1.1　茶树生育期内农田能量收支分配的变化特征

　　不同特征下垫面能量分配存在较大差异,为明确大田环境茶园水热通量的日变化特征,选取不同季节晴朗天气对茶园能量通量收支进行分析,图 2-10 为不同季节茶园白天能量通量分配及变化规律(5 d 数据平均值)。R_n 在正午 12:00 达到最大,并以最大值为中心呈单峰曲线对称分布,夏秋冬春四个季节白天时段(08:00~18:00)的平均值分别为 395.25 W/m², 299.11 W/m², 254.00 W/m² 和 376.19 W/m²。能量支出主要包括显热通量(H)、潜热通量(λET)和土壤热通量(G),茶树不同季节 λET 均为能量消耗的主要部分,夏秋冬春四个季节分别占 R_n 的 63.2%、59.6%、55.3% 和 64.2%,表明茶园下垫面能量收入的 R_n 主要用于蒸腾蒸发过程中水分相变引起的潜热交换。R_n 和 λET 在不同季节的大小依次为:夏季>春季>秋季>冬季。λET 和 H 在白天均为正值,表明 λET 和 H 在白天从下垫面向大气输送能量,λET 在春季和夏季日内最大值达到 400 W/m²,秋季达到 300 W/m²,而在冬季仅约为 200 W/m²。从图 2-10 中可以看出,H 在上午时段高于下午时段,H 的变化受到 λET 的影响,在 R_n 相似的情况下,当 λET 在下午时段较高时,H 较低,反之较高。由于大气加热下垫面的程度在夏秋季强于春冬季,H 在夏秋季也明显高于春冬季。G 在夏秋季和春冬季分别在 13:00 和 12:00 左右达到最大值。G 在夜间略小于 0,表明夜间土壤向大气输送能量,白天时段土壤从大气吸收能量。G 在冬季和春季分别占能量收入的 18.9% 和 12.2%,明显高于夏季和秋季(6.7% 和 5.8%),表明在冬春两季的晴天土壤向大气吸收的能量高于夏季和秋季。

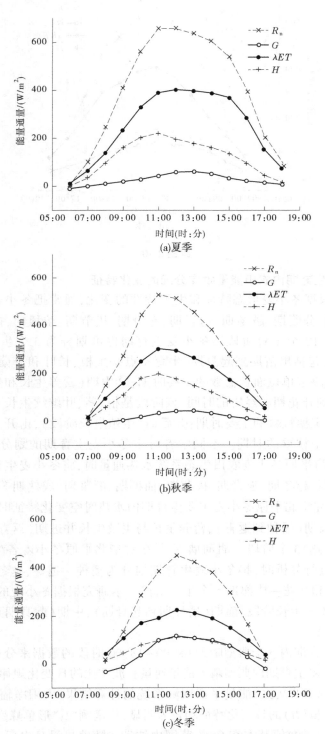

图 2-10　不同季节茶园能量平衡各分量的日变化规律

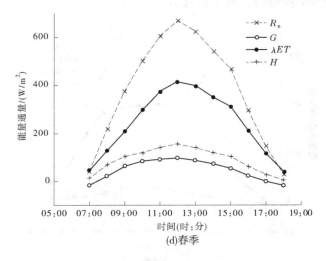

(d)春季

续图 2-10

2.2.1.2 冬小麦生育期内农田能量收支分配的变化特征

农业生产中根据冬小麦形态特征和生理特性的变化,通常把冬小麦的生育期划分为出苗期、三叶期、分蘖期、越冬期、返青期、起身期、拔节期、孕穗期、抽穗期、开花期、灌浆期、成熟期等 12 个生育阶段。冬小麦生育期也可划分为 3 个生长阶段:①前期(营养生长阶段),包括出苗期到起身期,生育特点是生根、长叶和分蘖,表现为单纯的营养器官生长,是决定单位面积穗数的主要时期;②中期(营养生长和生殖生长并进阶段),指由起身期到开花期所经历的时间,该阶段是根、茎、叶继续生长和结实器官分化形成并进期,是决定穗粒数的主要时期;③后期(生殖生长阶段),由开花期到成熟期所经历的时间,是决定粒重的时期。不同学者对于冬小麦生育期的划分不尽相同,史桂芬[78]在分析黄淮海平原冬小麦农田生态系统水热通量时,将冬小麦生育期划分为播种期、出苗期、分蘖期、越冬期、返青期、拔节期、抽穗期、灌浆期、成熟期等 9 个生育阶段。王占彪等[79]在研究华北平原冬小麦主要生育期内水热时空变化特征时,将冬小麦生育期划分为营养生长期(播种到返青)、营养生长与生殖生长并进期(返青到抽穗)及生殖生长期(抽穗到成熟)3 个阶段。胡润瑀等[80]在对华北平原冬小麦各生育阶段农业气候要素变化特征进行分析时,将冬小麦生育期划分为播种—越冬、越冬—返青、返青—拔节、拔节—开花和开花—成熟期 5 个生长阶段。本研究根据冬小麦的生长发育情况,将生育期划分为 3 个生长阶段:前期(播种期到起身期)、中期(起身期到开花期)、后期(开花期到成熟期)。

选取冬小麦生育期内 6 个典型晴天 08:00~18:00 时段的数据来分析农田能量通量的变化特征。冬小麦生育期内典型晴天能量通量和波文比的日变化规律如图 2-11 所示。图 2-11 中数据来源于波文比-能量平衡观测系统的计算结果,太阳净辐射(R_n)、潜热通量(λET)及显热通量(H)的日变化特征均较为明显,均呈倒"U"形单峰变化,且变化曲线较为平滑,波文比 β 的数值基本在 0~1 范围内波动。随着早晨日出后太阳辐射不断增强,地表土壤蒸发和作物蒸腾作用随之增强,消耗的 λET 迅速增加,午间达到最大值(2019 年 5 月 16 日为 524.8 W/m²;2020 年 4 月 30 日为 318.9 W/m²),之后随太阳辐射的减弱迅速下降,在 18:00 左右接近于 0。H 与 λET 的日变化特征基本一致,日出后 H 随 R_n 的增强而增大,在中午前后达到峰值(2019 年 2 月 23 日为 201.1 W/m²;2020 年 4 月 30 日为 183.3 W/m²),之后逐渐下降。日出后冬小麦吸收太阳辐射热量,由于冠层作用热量向冠层下方传递的速度减缓,进而使得冠层温度高于空气温度,随着太阳辐射的增强,冠气温差逐渐增大,导致 H 不断增大,到中午前后达到最大值,之后随着太阳辐射的减弱呈下降趋势。

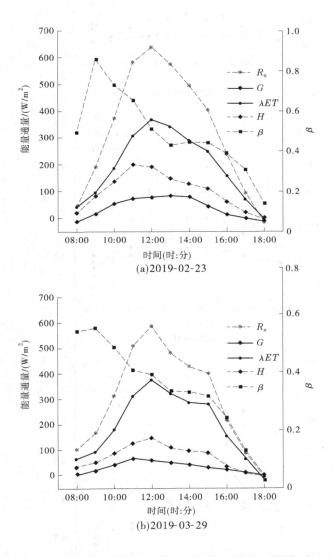

图 2-11　冬小麦生育期内典型晴天能量通量和波文比的日变化规律

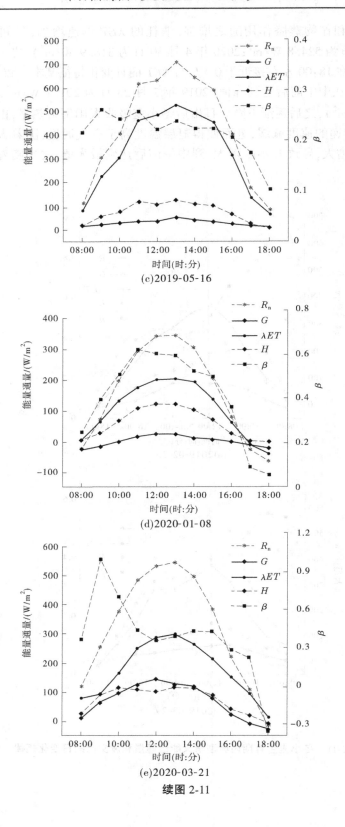

(c)2019-05-16

(d)2020-01-08

(e)2020-03-21

续图 2-11

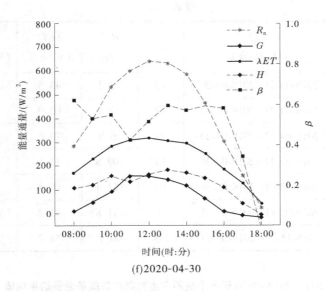

(f)2020-04-30

续图 2-11

　　冬小麦不同生育期内各能量通量的平均值如表 2-10 和表 2-11 所示。在 2018～2019 季冬小麦生育期内,R_n 日均值在成熟期达到峰值 131.8 W/m^2,在越冬期最小。λET 在开花期达到最大值,均值为 85.4 W/m^2,在分蘖期和越冬期较小,从返青期开始,随着冬小麦冠层的生长,λET 值迅速增大。H 在小麦成熟期达到最大,均值为 58.2 W/m^2。由于播种至越冬期气温较低,深层土壤的温度高于地表土温,土壤以释放热量为主,导致 G 为负值;从返青期开始,太阳辐射逐渐增强,冬小麦生长加快,地表温度上升,G 值逐渐增大,同样在成熟期达到最大值,均值为 10.4 W/m^2。2019～2020 季与 2018～2019 季冬小麦生育期内各能量分量的数值较为接近,R_n、H 和 G 均在冬小麦成熟期达到最大值。2018～2019 季和 2019～2020 季冬小麦 λET 占 R_n 的比例分别为 57.7% 和 66.0%,H 占 R_n 的比例分别为 41.9% 和 33.0%。

表 2-10　2018～2019 季冬小麦不同生育期内各能量通量的平均值

生育期		阶段 (年-月-日)	天数	R_n/ (W/m^2)	λET/ (W/m^2)	H/ (W/m^2)	G/ (W/m^2)
前期	播种	2018-11-25～2018-11-26	2	35.3	15.2	24.4	-4.3
	出苗	2018-11-27～2018-12-05	9	28.1	15.3	17.0	-4.2
	分蘖	2018-12-06～2018-12-20	15	23.6	12.4	19.0	-7.8
	越冬	2018-12-21～2019-02-20	62	17.8	9.5	13.0	-4.7
	返青	2019-02-21～2019-03-10	18	55.4	25.2	30.1	0.1

续表 2-10

生育期		阶段 （年-月-日）	天数	$R_n/$ （W/m²）	$\lambda ET/$ （W/m²）	$H/$ （W/m²）	$G/$ （W/m²）
中期	起身	2019-03-11 ~ 2019-03-20	10	68.2	43.5	21.7	3
	拔节	2019-03-21 ~ 2019-04-01	12	77.6	60.9	11.5	5.2
	孕穗	2019-04-02 ~ 2019-04-20	19	96.0	73.6	31.4	3.7
	抽穗	2019-04-21 ~ 2019-04-30	10	109.8	82.4	29.7	6.5
后期	开花	2019-05-01 ~ 2019-05-10	10	122.4	85.4	32.9	4.1
	成熟	2019-05-11 ~ 2019-05-31	21	131.8	63.2	58.2	10.4
全生育期		2018-11-25 ~ 2019-05-31	188	60.1	34.7	25.2	1.1

表 2-11 2019～2020 季冬小麦不同生育期内各能量通量的平均值

生育期		阶段 （年-月-日）	天数	$R_n/$ （W/m²）	$\lambda ET/$ （W/m²）	$H/$ （W/m²）	$G/$ （W/m²）
前期	播种	2019-11-17 ~ 2019-11-18	2	24.1	13.5	14.1	−3.5
	出苗	2019-11-19 ~ 2019-11-27	9	23.1	14.8	13.9	−5.6
	分蘖	2019-11-28 ~ 2019-12-12	15	19.4	14.0	14.6	−9.2
	越冬	2019-12-13 ~ 2020-02-12	62	16.7	8.1	12.8	−4.2
	返青	2020-02-13 ~ 2020-03-02	19	43.6	30.1	12.4	1.1
中期	起身	2020-03-03 ~ 2020-03-12	10	47.2	37.6	5.3	4.3
	拔节	2020-03-13 ~ 2020-03-24	12	73.3	57.2	11.3	4.8
	孕穗	2020-03-25 ~ 2020-04-12	19	82.0	67.3	21.3	3.5
	抽穗	2020-04-13 ~ 2020-04-22	10	92.4	70.2	17.9	7.2
后期	开花	2020-04-23 ~ 2020-05-02	10	109.5	81.4	20.6	7.5
	成熟	2020-05-03 ~ 2020-05-23	21	116.0	52.9	53.5	9.6
全生育期		2019-11-17 ~ 2020-05-23	189	52.1	34.4	17.2	1.4

2.2.1.3　夏玉米生育期内农田能量收支分配的变化特征

玉米的生育期一般分为播种期、出苗期、拔节期、小喇叭口期、大喇叭口期、抽雄期、开花期、抽丝期和成熟期。曹永强等[81]在分析河北省夏玉米不同生育期干旱时空分布时，将夏玉米生育期划分为初始生长期（播种期到出苗期）、快速发育期（出苗期到拔节期）、生育中期(拔节期到抽雄期)和成熟期(抽雄期到成熟期)。刘春晓等[82]在分析鲁中地区夏玉米主要生育期和产量对气候变化的响应时,将夏玉米全生育期划分为营养生长(播种—抽雄)和生殖生长(抽雄—成熟)两个阶段。本研究将夏玉米生育期划分为 3 个阶段:前期(播种期到拔节期)、中期(拔节期到抽雄期)、后期(抽雄期到成熟期)。

选取夏玉米生育期内 4 个典型晴天 08:00~18:00 时段的数据来分析农田能量通量的变化特征。如图 2-12 所示,夏玉米生育期 R_n、λET 和 H 的日变化特征与冬小麦相似,均呈倒"U"形单峰变化。白天日出后 R_n 不断增强,消耗的 λET 迅速增加,中午前后达到最大值(2020 年 7 月 2 日为 485 W/m²;2020 年 8 月 5 日为 468.7 W/m²),之后随 R_n 的减弱迅速下降,在日落后(18:00 左右)接近于 0。H 与 λET 的日变化特征基本一致,日出后 H 随 R_n 的增强而增大,在中午前后达到峰值(2020 年 7 月 2 日为 206.6 W/m²;2020 年 9 月 12 日为 235.9 W/m²),之后逐渐下降。

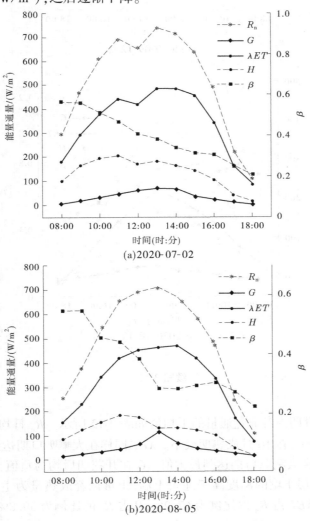

图 2-12 夏玉米生育期内典型晴天能量通量和波文比日变化

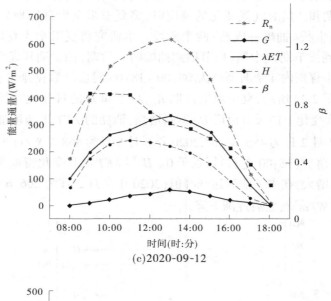

(c)2020-09-12

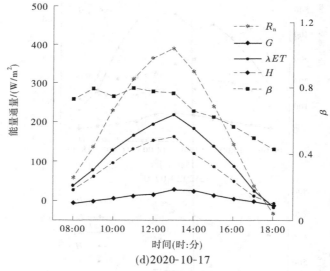

(d)2020-10-17

续图 2-12

夏玉米不同生育期内各能量通量的平均值如表 2-12 所示。R_n 日均值在大喇叭口期达到峰值 173.6 W/m²,在 10 月成熟期最小。λET 同样在大喇叭口期达到最大值,均值为 106.4 W/m²。H 也在大喇叭口期达到最大值。G 在开花期后均为负值,可能是由于该时期气温开始下降,深层土壤的温度高于地表土温,土壤以释放热量为主,导致 G 值为负。夏玉米全生育期内 λET 占 R_n 的比例为 67.2%,H 占 R_n 的比例为 30.8%。

表 2-12　夏玉米不同生育期内各能量通量的平均值

生育期		日期（月-日）	天数	R_n/（W/m²）	λET/（W/m²）	H/（W/m²）	G/（W/m²）
前期	播种	06-24～06-25	2	100.5	61.3	32.9	6.3
	出苗	06-26～07-03	8	111.4	72.1	33.3	6
	三叶	07-04～07-12	9	93.9	75.2	13.3	5.4
中期	拔节	07-13～07-25	13	83.2	60.2	15.5	7.5
	小喇叭口	07-26～08-10	16	125.2	84.5	36.6	4.1
	大喇叭口	08-11～08-23	13	173.6	106.4	63.3	3.9
后期	抽雄	08-24～09-02	10	132.2	94.8	35.3	2.1
	开花	09-03～09-12	10	132.3	92.0	41.9	−1.6
	抽丝	09-13～09-20	8	79.1	57.3	24.8	−3.0
	灌浆	09-21～10-10	20	98.7	59.6	43.4	−4.3
	成熟	10-11～10-22	12	65.3	41	27.9	−3.6
全生育期		06-24～10-22	121	108.7	73.1	33.5	2.1

2.2.1.4　温室黄瓜不同生育期水热通量变化特征

温室黄瓜不同生育期能量平衡各分量的日变化规律如图 2-13 所示（数据为 5 d 相同时刻的平均值），能量收入 R_n 主要受天气状况和下垫面特征的影响，R_n 在夜间为负值，白天最高值在 500～600 W/m² 的范围内变动，温室黄瓜生长期内日均 R_n 呈逐渐上升的趋势，不同生长期依次为 80.97 W/m²（初期）、100.29 W/m²（快速生长期）、124.50 W/m²（中期）和 127.01 W/m²（末期）。λET 在夜间（18:00 至次日 06:00）仍为正值，H 与 R_n 具有相同的变化规律，在黄瓜生长中期和末期，由于 R_n 从下午 13:00 左右开始逐渐下降而 λET 仍保持较高水平，使得 H 在下午时段迅速下降。G 变化范围较小且接近于 0，在不同生育期依次仅占能量收入的 2.4%、−1.0%、2.0% 和 0.6%。由于黄瓜幼苗蒸腾能力较弱，在生长初期 λET 较小，平均为 8.16 W/m²，在白天甚至小于 G，λET 的能量支出仅占能量收入的 10.1%，H 在能量支出中占主导地位，占能量收入的 87.5%。黄瓜进入快速生长期后，λET 迅速升高，平均为 44.67 W/m²，占能量收入的 44.5%，接近于占能量收入的 56.5%。黄瓜生长中期，λET 占能量支出的主导，平均为 98.58 W/m²，占能量收入的 79.2%，H 占能量收入比例为 18.8%。黄瓜生长末期虽然 λET 较大，平均为 48.66 W/m²，但 H 在能量支出中占主导地位，λET 和 H 分别占能量收入的比例为 38.3% 和 61.1%。

表 2-13 为 2019 年和 2020 年充分灌水条件下覆膜与未覆膜黄瓜全生育期水热通量均值及分配比例。如表 2-13 所示，2019 年覆膜处理下温室黄瓜全生育期 $\lambda ET/R_n$ 为 77.04%，H/R_n 为 17.14%，G/R_n 为 5.88%。覆膜较未覆膜的 $\lambda ET/R_n$ 和 G/R_n 分别提高了 14.15% 和 1.98%，H/R_n 降低了 17.45%。2020 年 λET、H、G 占 R_n 的比例分别为 70.73%、20.68% 和 8.58%，覆膜较未覆膜的 $\lambda ET/R_n$ 和 G/R_n 分别提高了 12.21% 和 3.37%，H/R_n 降低了 15.59%。

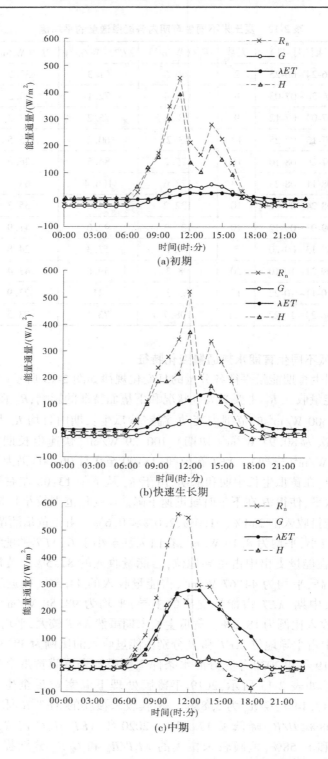

图 2-13　温室黄瓜不同生育期能量平衡各分量的日变化规律

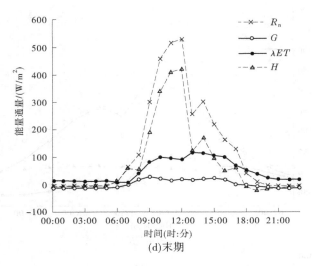

(d)末期

续图 2-13

表 2-13　不同种植年份充分灌水条件下覆膜与未覆膜黄瓜水热通量均值及分配特征

种植年份	处理	水热通量/(W/m²)			占比/%		
		λET	H	G	$\lambda ET/R_n$	H/R_n	G/R_n
2019 年	覆膜	112.06a	24.93a	8.56a	76.99	17.13	5.88
	未覆膜	91.48b	50.32b	5.67b	62.03	34.12	3.84
2020 年	覆膜	74.04a	21.65a	8.98a	70.74	20.68	8.58
	未覆膜	61.26b	37.97b	5.45b	58.52	36.27	5.21

注:同列数据后标不同小写字母者均表示差异达到显著水平($P<0.05$)。

2.2.2　不同作物覆盖农田能量收支分配差异比较

黄瓜、茶树和冬小麦生育期内净辐射(R_n)、潜热通量(λET)、显热通量(H)和地表热通量(G)的日平均变化如图 2-14 所示。不同农田 R_n 主要通过 λET 消耗。大田与温室环境下农田能量分配具有不同的变化特征,在大田环境下,能量分配呈现 $R_n>\lambda ET>H>G$;而温室环境中,15:00 后发生感热平流,出现 $\lambda ET>R_n$ 和 H 为负值的现象。

不同种植季节黄瓜生育期内温室中 R_n、λET、H 和 G 的日平均值依次为 140.3 W/m²、127.4 W/m²、2.7 W/m² 和 10.3 W/m²[见图 2-14(a)],表明温室内 R_n 主要通过 λET 消耗,λET 占 R_n 的比例为 93%。在 06:00~11:00 之间,λET 的变化与 R_n 几乎同步,随着 R_n 的升高而升高,在中午前后达到最大,随后逐渐降低。由于温室覆盖和建造材料的遮挡,在 13:00 左右 R_n 出现了多峰变化。在 15:00 后,出现了 λET 大于 R_n 和 H 为负值的现象[141]。潜热通量 λET 大于净辐射 R_n 的现象表明黄瓜冠层除完全消耗可供能量外,还吸收了显热通量 H 用以蒸发水分,即发生了感热平流现象[100]。Oue 等[142]在基于波文比能量平衡观测系统研究日本爱媛省水稻田水热通量时得到了类似的结果。由于本研究温室

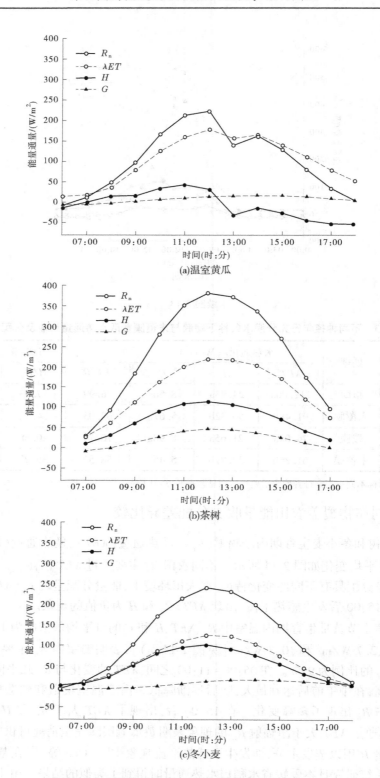

图 2-14　不同种植环境下农田水热通量日变化特征

内采用土槽种植黄瓜,土槽四周的混凝土廊道和土槽中间的人行过道等都会引起下垫面的异质性,因此易发生感热平流现象。Lee 等[143]和丁日升等[4]研究均表明当农田下垫面不均匀时,易引起从干热表面到湿润农田的局部平流。

茶树生育期内 R_n、λET、H 和 G 的日平均值依次为 234.4 W/m²、143.6 W/m²、68.5 W/m² 和 22.3 W/m²[见图 2-14(b)],λET 占 R_n 的比例为 66%,表明在茶园内 R_n 主要通过 λET 消耗。λET、H 和 G 的变化与 R_n 几乎同步,随着 R_n 的升高而升高,在 12:00 前后达到峰值,随后逐渐降低。R_n 和 λET 的峰值分别为 382.2 W/m² 和 220.7 W/m²。H 和 G 占 R_n 的比例分别为 30% 和 4% 左右,在 12:00 达到峰值 113.2 W/m² 和 48.3 W/m²。

冬小麦全生育期 R_n、λET、H 和 G 的日平均值依次为 116.2 W/m²、61.2 W/m²、49.4 W/m² 和 5.6 W/m²。在 06:00~10:00,λET 和 H 消耗的能量几乎相同,10:00 之后,λET 逐渐超过 H[见图 2-14(c)]。λET、H 和 G 占 R_n 的比例依次为 48%、37% 和 15%。对比茶园能量分配,发现冬小麦试验田的土壤热通量比茶园高 11%,原因可能是冬小麦在出苗期、分蘖期和越冬期等生育期大部分土壤处于裸露状态,使得土壤表面更容易吸收太阳辐射提供的能量。此外,冬小麦在越冬期前耗水量非常少,出现潜热通量 λET 占比小,显热通量 H 占比大的情况。本研究冬小麦田水热通量的变化特征与邱让建等[100]研究南京地区冬小麦田能量通量的结果类似,但本研究中 $\lambda ET/R_n$ 值较邱让建等[100]研究结果低20%,研究结果存在差异的原因可能是冬小麦的种植密度的不同。

2.3 不同种植环境下农田水热通量的影响因子分析

本部分采用通径分析方法确定了环境因子对不同植被覆盖下农田潜热通量的影响规律。通径分析采用结构方程模型方法,该模型融合了因素分析与线性回归分析的统计技术对因果模型进行识别估计和验证[144]。本节通径分析中采用不同作物 λET 作为因变量,采用环境因子变量 R_n、T_a、u、VPD 和地表下 10 cm 处土壤含水量(SWC)为自变量[145]。

不同农田潜热通量与环境因子间通径分析结果如图 2-15 和表 2-14 所示。由于各个因子直接和间接的共同作用,对不同农田 λET 影响的相关系数绝对值排序分别为:R_n>VPD>T_a>u>SWC(黄瓜)和 R_n>VPD>T_a>SWC>u(茶树和冬小麦)。对 λET 影响最大的因子 R_n 的直接通径系数最大,均值为 0.824,表明 R_n 对 λET 的直接作用最大;对 λET 影响其次的因子 VPD 的直接通径系数均值为 0.076,均小于间接通径系数(均值为 0.626),表明 VPD 对 λET 的影响以间接作用为主,这种间接作用主要来自 VPD 与 R_n 的相互作用,相关系数值为 0.693(见图 2-15),从而进一步对 λET 产生影响。T_a 对 λET 的影响与VPD 类似,以间接作用为主,最主要来自 T_a 与 R_n 的相互作用,相关系数值为 0.465(见图 2-15)。不同种植环境下 λET 的影响因子排序区别最主要体现在 u 和 SWC 的影响大小上,对茶树和冬小麦 λET 影响最小的因子是 u,而 SWC 与 λET 呈负相关,相关系数均值为 -0.328,原因可能是苏南地区降水时间较为集中,雨后土壤水分含量过高,连续降水增加的土壤水分反而抑制了作物的蒸腾蒸发[146];对黄瓜λET影响最小的因子是SWC,虽通过显著性检验但相关系数很低,相关系数值仅为0.098。根据表2-14中各影响因子的决策系数,不同因子对黄瓜、茶树和冬小麦λET变化大小决定能力作用(决策系数绝对值)排序依次为$R_n>T_a>$VPD$>u>$SWC、$R_n>$VPD$>T_a>$SWC$>u$和$R_n>T_a>$SWC$>$VPD$>u$,其中R_n对λET变化的综合决定能力最大。

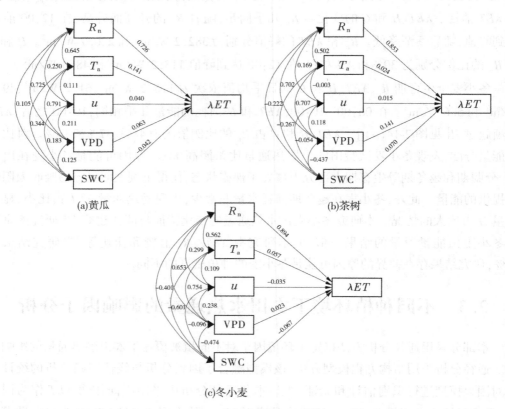

图 2-15　不同农田潜热通量(λET)与环境因子
[R_n、T_a、u、VPD 和地表下 10 cm 处的土壤含水量(SWC)]的通径分析结果

本研究结果表明,R_n对潜热通量λET的影响主要体现在直接作用上,其余因子均主要为通过R_n路径对λET产生间接影响。邱让建等[100]在分析南京地区小尺度轮作稻麦田λET的影响因子时得出R_n是影响λET最主要的环境因子,其次是VPD。R_n既能引起气温和相对湿度的变化,提高作物冠层温度,使作物冠层内外的水汽压差增大,增强作物和土壤蒸发速率,又能诱导作物叶片气孔开闭,因此是影响λET最主要的环境因子[147]。VPD作为空气干燥程度的指标,表征了空气相对湿度和气温的综合效果;需要指出的是VPD与R_n的相关系数值最高,温室黄瓜为0.725,茶树为0.702,冬小麦为0.653,更进一步证实,R_n作为驱动农田生态系统运转的源动力,可以改变农田生态系统中水热分配状况及水分相变过程,进而影响农田蒸散发[146]。

表 2-14　不同种植环境下潜热通量(λET)与环境因子[R_n、T_a、u、VPD 和地表下 10 cm 处的土壤含水量(SWC)]的通径分析结果

作物	年份	因子	相关系数	直接通径系数	间接通径系数						决策系数
					总间接通径系数和	R_n	T_a	u	VPD	SWC	
黄瓜	2018	R_n	0.869	0.726	0.143		0.091	0.010	0.046	-0.004	0.735
		T_a	0.649	0.141	0.508	0.468		0.004	0.050	-0.014	0.163
		u	0.243	0.040	0.203	0.182	0.016		0.013	-0.008	0.018
		VPD	0.704	0.063	0.641	0.526	0.112	0.008		-0.005	0.085
		SWC	0.098	-0.042	0.140	0.076	0.049	0.007	0.008		-0.010
茶树	2015~2018	R_n	0.950	0.853	0.097		0.012	0.002	0.099	-0.016	0.893
		T_a	0.533	0.024	0.509	0.426		0.002	0.100	-0.019	0.025
		u	0.172	0.015	0.157	0.140	0.004		0.017	-0.004	0.005
		VPD	0.728	0.141	0.587	0.599	0.017	0.002		-0.031	0.185
		SWC	-0.188	0.070	-0.258	-0.189	-0.006	-0.001	-0.062		-0.031
冬小麦	2018~2019	R_n	0.957	0.894	0.063		0.032	-0.011	0.015	0.027	0.912
		T_a	0.612	0.057	0.556	0.502		-0.003	0.017	0.040	0.067
		u	0.251	-0.035	0.286	0.267	0.008		0.005	0.006	-0.019
		VPD	0.673	0.023	0.650	0.584	0.043	-0.008		0.032	0.030
		SWC	-0.467	-0.067	-0.400	-0.358	-0.034	0.003	-0.011		0.058

2.4 小 结

本章基于农田实测微气象数据,分析了不同种植环境下气象因子、农田水量收支和水热通量的变化特征,结合通径分析结果确定了环境因子对不同种植环境下农田潜热通量的直接影响和间接影响及影响作用的大小,得出以下结论:

(1)不同种植环境产生不同的农田小气候特征,温室内太阳净辐射比大田环境低72%,黄瓜生育期内温室太阳净辐射日平均值为 50 W/m^2;茶树生长初期和中期太阳净辐射日平均值为 250 W/m^2;冬小麦生育期内太阳净辐射日平均值为 142 W/m^2。温室内风速比大田环境低得多,温室内风速日平均值为 0.10 m/s;茶树和冬小麦田风速日平均值分别为 2.45 m/s 和 1.59 m/s。温室黄瓜生育期内日平均气温为 20.9 ℃,茶树生长初期和中期为 17.9 ℃,冬小麦生育期为 12.8 ℃。

(2)不同作物生育期内水热通量日平均值变化显示:太阳净辐射 R_n 主要通过 λET 消耗,温室黄瓜全生育期 λET 占 R_n 的比例为93%,茶树生长初期和中期 λET 占 R_n 的比例为66%,冬小麦生育期内 λET 占 R_n 的比例为48%。大田与温室环境下能量分配具有不同的变化特征,在大田环境下,能量分配呈现 $R_n > \lambda ET > H > G$;而温室内出现 $\lambda ET > R_n$ 和 H 为负值的现象(15:00 之后),该现象被认为是发生了感热平流。

(3)不同农田 λET 与环境因子的通径分析结果表明,影响农田 λET 的环境因子排序分别为 $R_n > VPD > T_a > u > $SWC(黄瓜),$R_n > VPD > T_a > SWC > u$(茶树和冬小麦)。$R_n$ 是驱动农田生态系统运转的源动力,对农田 λET 的影响主要体现在直接作用上,其余因子均体现为通过 R_n 路径对 λET 产生间接影响。R_n 对温室黄瓜、茶树和冬小麦 λET 影响的直接通径系数分别为 0.726、0.853 和 0.894,VPD 与 R_n 的相关系数值最高,不同农田依次为 0.725、0.702 和 0.653。

第 3 章　潜热通量单源模型在大田及温室环境的参数化

　　Penman-Monteith(PM)模型是研究农田潜热通量(蒸腾蒸发量 ET_c 的能量表达形式)模拟中应用最广泛和有效的机制模型[31,114-115],应用该模型的关键在于确定模型中空气动力学阻力参数 r_a 和冠层阻力参数 r_c,Katerji 等[110]建立了一个由气象因子和 r_a 模拟 r_c 的线性模型(简称 KP 模型),应用该模型时需要根据不同气候条件及作物种类对模型中系数进行率定。Todorovic[73]提出了一个基于气象因子便可模拟 r_c 的方法(简称 TD 模型),该方法不需要参数率定,目前该方法已被应用在草地 r_c 的估算,但对于估算其他作物 r_c 的准确性仍需进一步验证。Lecina 等[121]和 Steduto 等[122]在研究灌溉草地的潜热通量时指出,采用 KP 法和 TD 法均可较准确地估算绿草的 r_c,进而准确确定潜热通量,但由于 TD 模型较 KP 模型更简便且不需要对模型系数进行率定而被推荐采用。Pauwels 等[24]在湿坡草原的研究表明,KP 模型可较准确地模拟一年中 7 个月的 r_c,高估了其余 5 个月的 r_c 值,而 TD 模型与实测 r_c 存在严重差异。Shi 等[91]验证了 TD 模型在我国长白山森林的适用性,结果显示 TD 模型低估了 r_c,从而高估了半小时尺度的森林潜热通量,研究表明,采用 KP 模型能更准确地模拟森林潜热通量。从以上研究结果可以看出,两种方法在不同类型植被覆盖下估算结果存在较大差异。

　　由于大田和温室环境小气候及水热传输机制存在较大差异,在不同环境下应用 PM 模型时模型参数 r_a 和 r_c 的计算方法存在很大的不确定性。Perrier 等提出的基于作物冠层特征和风速计算 r_a 的对数函数,该方法在 PM 模型应用于大田作物时被广泛使用,但在风速极低的温室内采用该方法会高估 r_a,因而并不适用[103]。Bailey 等[105]指出温室内作物蒸腾蒸发过程中水汽通过涡流方式扩散,因此可以通过热传输系数计算 r_a,该方法避免了低风速条件模型失真的不足,被学者广泛应用于计算温室环境下的 r_a。温室内对流类型(自由对流、强迫对流和混合对流)的判别是使用该方法的关键,而对流类型主要取决于温室通风状况及当地气候条件,Qiu 等[103]研究表明,我国西北地区温室内对流类型主要为混合对流;Morille 等[116]研究表明,法国西北部温室内白天为自由对流,夜间为混合对流。参数 r_c 的准确确定是大田和温室环境下应用 PM 模型的关键[87,120]。目前,国内外对 r_c 的研究多基于作物特征、气象环境和土壤水分状况的参数化,由于 r_c 在作物生长过程中对气象环境或水分供给状况等影响的响应极为复杂,因此这些半经验的方法在应用时需要针对作物实际生长情况进行修正。温室内作物 r_c 可通过叶片气孔阻力参数 r_s 和有效叶面积指数的比值计算,而 r_s 通过构建其与气象因子的相关关系来确定。

　　用于估算农田 ET_c 的单源模型,除 PM 模型外,Preiestley 和 Taylor 以平衡蒸发为基础[102],通过对大区域饱和陆面及海洋的气象数据观测,提出了假设无平流条件下估算潜在蒸散发的 Priestley-Taylor(PT)模型,PT 模型较 PM 模型输入参数更少,应用简便,在大

田作物 ET_c 模拟中也得到了广泛应用[123,140,158]。

本研究针对目前 ET_c 模型研究中存在的问题及争议,分别基于大田及温室两种不同的生长环境,改进并比较已有蒸腾蒸发模型(PM 和 PT 模型)及模型中关键参数(r_a 和 r_c),应用不同作物覆盖下 ET_c 实测值对模型准确性进行验证,评价不同模型及模型参数的适用性。

3.1　潜热通量单源模型及模型参数的确定方法

3.1.1　Penman-Monteith 模型和 Priestley-Taylor 模型

Penman-Monteith(PM)模型的表达式为

$$\lambda ET = \frac{\Delta(R_n - G) + \rho c_p \dfrac{\text{VPD}}{r_a}}{\Delta + \gamma\left(1 + \dfrac{r_c}{r_a}\right)} \tag{3-1}$$

式中,λET 为潜热通量,W/m²;R_n 为太阳净辐射,W/m²;G 为土壤热通量,W/m²;ρ 为空气密度,kg/m³;c_p 为空气的定压比热,J/(kg·℃);VPD 为饱和水汽压差,kPa;γ 为湿度计常数,kPa/℃;r_c 为冠层阻力参数,s/m;Δ 为温度—饱和水汽压关系曲线的斜率,kPa/℃;r_a 为空气动力学阻力参数,s/m。

在大田条件下,r_a 通常采用下式计算[119]:

$$r_a = \frac{\ln\dfrac{z - d}{z_0}\ln\dfrac{z - d}{h_c - d}}{\kappa^2 u_z} \tag{3-2}$$

式中,κ 为 von Karman 常数,取 0.4;z 为参考高度,m;d 为零平面位移,m;z_0 为动量传输粗糙度长度,m;u_z 为参考高度处的风速,m/s;h_c 为作物高度,m。

$$z_0 = 0.123 h_c \tag{3-3}$$
$$d = 0.67 h_c \tag{3-4}$$

在温室内,空气动力学阻力参数 r_a 受风速和气流流态等影响,由于温室内水汽以涡流扩散方式为主,可通过热传输系数 h_s 确定温室内 r_a[105],即

$$r_a = \frac{\rho c_p}{2 h_s \text{LAI}} \tag{3-5}$$

式中,h_s 为热传输系数,W/(m²·K),根据温室内对流类型选择不同的公式计算 h_s。

温室内对流类型的判别及热传输系数 h_s 的计算方法如表 3-1 所示[103,105]。

Priestley-Taylor(PT)模型将 Penman 理论中空气动力学项整合进系数 α,认为在湿润空气条件下湍流相对辐射的影响较小,从而发生平衡蒸发。PT 模型表达式为

$$\lambda ET = \alpha \frac{\Delta}{\Delta + \gamma}(R_n - G) \tag{3-6}$$

式中,α 为无量纲参数;其余各变量符号意义同前。

表 3-1　温室内对流类型的判别及热传输系数 h_s 的计算方法

对流类型	判别条件	计算公式	备注
自由对流	$G_r/Re^2 \geqslant 10$	$h_s = 0.37\left(\dfrac{k_c}{d}\right)G_r^{0.25}$	$G_r = \dfrac{\beta g d^3 \mid T_c - T_a \mid}{\nu^2}$
强迫对流	$G_r/Re^2 \leqslant 0.1$	$h_s = 0.60\left(\dfrac{k_c}{d}\right)Re^{0.5}$	$Re = \dfrac{u d_c}{\nu}$
混合对流	$0.1 < G_r/Re^2 < 10$	$h_s = 0.37\left(\dfrac{k_c}{d}\right)(G_r + 0.692Re^2)^{0.25}$	$d = \dfrac{2}{(1/l) + (1/w)}$

注:G_r 为高尔夫数;Re 为雷诺数;k_c 为空气热导率,W/(m·K);d 为叶片特征长度,m;l 为叶片长度,m;w 为叶片宽度,m;T_c 为冠层温度,℃;T_a 为空气温度,℃;β 为空气的热膨胀系数,K^{-1};ν 为空气的运动黏度,m^2/s;u 为空气速度,m/s;g 为重力加速度,m/s^2。

3.1.2　大田环境下 Penman-Monteith 模型中阻力参数的确定

本研究选取 KP 和 TD 两种模型计算茶树、冬小麦和夏玉米种植条件下,Penman-Monteith(PM)模型中冠层阻力参数 r_c。

3.1.2.1　Katerji-Perrier(KP)模型

KP 模型是 Katerji 和 Perrier 于 1983 年发现的 r_c/r_a 和 r^*/r_a 之间存在如下的线性关系[72]:

$$\frac{r_c}{r_a} = a\frac{r^*}{r_a} + b \tag{3-7}$$

式中,a 和 b 为经验系数,需要率定;r^* 为气象阻力,s/m,计算方法为

$$r^* = \frac{\Delta + \gamma}{\Delta\gamma}\frac{\rho c_p \text{VPD}}{R_n - G} \tag{3-8}$$

3.1.2.2　Todorovic(TD)模型

TD 模型的表达式为[73]

$$a^* X^2 + b^* X + c^* = 0 \tag{3-9}$$

式中

$$a^* = \frac{\Delta + \gamma\left(\dfrac{r_i}{r_a}\right)}{\Delta + \gamma}\left(\frac{r_i}{r_a}\right)\text{VPD} \tag{3-10}$$

$$b^* = -\gamma\left(\frac{r_i}{r_a}\right)\frac{\gamma}{\Delta}\frac{\text{VPD}}{\Delta + \gamma} \tag{3-11}$$

$$c^* = -(\Delta + \gamma)\frac{\gamma}{\Delta}\frac{\text{VPD}}{\Delta + \gamma} \tag{3-12}$$

$$X = r_c/r_i \tag{3-13}$$

$$r_i = \frac{\rho c_p \text{VPD}}{\gamma(R_n - G)} \tag{3-14}$$

通过求解方程式(3-9)~式(3-13)得到 r_c,r_i 为气候阻力参数,s/m;方程中其余变量

符号意义同前。TD 模型建立在理论假设基础之上,可不经校准而应用。

本研究将 PM 方程反算的 r_c 作为实测值,即采用波文比能量平衡观测系统(BREB)测得的 λET 代入 PM 方程中倒推得到 r_c,计算方法为

$$r_c = r_a\left(\frac{\Delta}{\gamma}\beta - 1\right) + \frac{\rho_a c_p (e_s - e_a)}{\gamma \cdot \lambda ET} \tag{3-15}$$

式中,e_s 和 e_a 分别为饱和水汽压与实际水汽压;其他符号意义同前。

3.2　大田环境下 Penman-Monteith 模型中阻力参数的变化特征

3.2.1　基于茶园数据率定 Katerji-Perrier 冠层阻力参数模型系数

本研究随机选取 5 个晴天小时数据对茶树 r_c/r_a 与 r^*/r_a 的相关关系进行拟合,结果如图 3-1 所示。如图 3-1 所示,r_c/r_a 与 r^*/r_a 具有较高的线性相关性($R^2 = 0.91$),KP 模型中经验系数 a 和 b 的率定结果为 $a = 1.06, b = 0.29$。

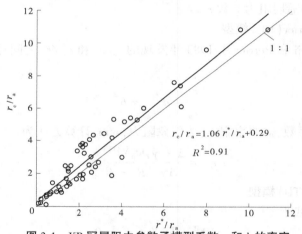

图 3-1　KP 冠层阻力参数子模型系数 a 和 b 的率定

茶树不同生长季节阻力参数 r_a、r_c、r^*、r_i 的日间变化规律如图 3-2 所示,数据为随机选取典型 5 d 内相同时刻数据的平均值。如图 3-2 所示,r_a 在茶树不同生长季节呈现早晨迅速下降,之后保持平稳,除冬季外,多数情况下 r_a 大于 r_c,其他季节 r_a 在 09:00 之后均明显低于 r_c,且小于 100 s/m。通常认为 r_c 为水汽通过作物冠层叶片气孔时受到的阻力,取决于作物自身的生理特性,计算中可忽略风速等物理因子对 r_c 的影响,也有学者认为 r_c 值隐含着空气动力学成分,Alves 等[85]研究表明,在 $R_n > 500$ W/m^2 和 VPD 为 1.5~2.0 kPa 时,r_c 随着 r_a 的增大具有明显减小的趋势,表明 r_c 随着风速的增大而升高,意味着高风速会导致冠层 r_c 增大。太阳辐射为影响 r_c 的最主要气象因子,与以往关于其他作物 r_c 的日变化规律研究结果相似,r_c 在早晨随着 R_n 的升高迅速下降,在 08:00~09:00 达到最小值,08:00~14:00 之间变化幅度较小,在 15:00~16:00 之后随 R_n 的下降迅速升高。从图 3-2 中还可看出,在 R_n 相同的情况下,r_c 值在上午低于下午,表明 r_c 也受其他气象因子

（如 T_a 和 VPD 等）的影响。

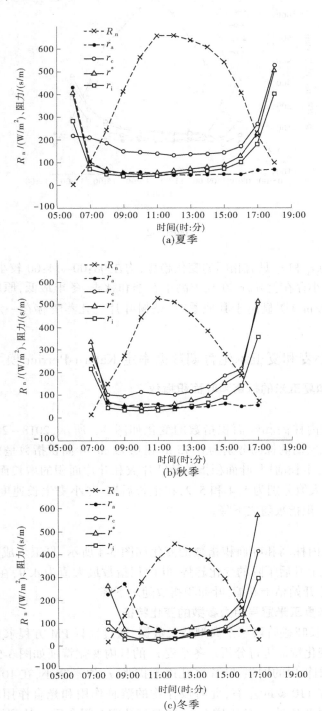

图 3-2　茶树不同生长季节各项阻力参数与太阳净辐射的日演变规律

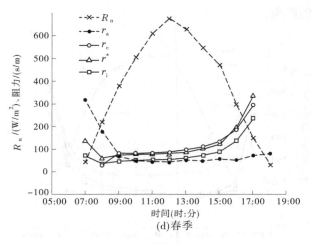

(d)春季

续图 3-2

阻力参数 r^* 与 r_i 和 r_c 具有相同的变化趋势,均在 08:00~14:00 较小且保持平稳,但不同季节其值的大小存在差异,r_c 在夏季高于春季和秋季,冬季最低,原因可能是夏季中午时段 R_n($>600\ \text{W/m}^2$) 明显高于其他季节,茶树叶片气孔蒸腾存在一定程度的水分胁迫,r_c 增大。

3.2.2　基于冬小麦和夏玉米生育期数据率定 Katerji-Perrier 模型

3.2.2.1　冬小麦和夏玉米的株高和叶面积指数

1. 冬小麦

冬小麦生育期内株高和叶面积指数的变化如图 3-3 所示,2018~2019 季和 2019~2020 季冬小麦在成熟期的株高分别为 0.75 m 和 0.72 m,叶面积指数呈先上升后下降的变化趋势,在冬小麦生长前期,叶面积指数随叶片数和叶片面积的增长而上升,两季冬小麦叶面积指数的最大值分别为 5.4 和 5.2,在生长后期,冬小麦生长速度逐渐减慢,叶片开始枯干卷缩,叶面积指数随之下降。

2. 夏玉米

夏玉米生育期内株高和叶面积指数的变化如图 3-4 所示,夏玉米成熟期株高为 2.1 m,叶面积指数呈先上升后下降的变化趋势,叶面积指数最大值为 4.9,在生长后期,生长速度逐渐减缓,叶片开始枯干卷缩,叶面积指数随之下降。

3.2.2.2　冬小麦和夏玉米冠层阻力参数的变化特征

选取冬小麦生长旺盛阶段三个典型晴天数据,通过反算 PM 方程求得冠层阻力参数 r_c,进而对 r_c 的日变化特征进行分析。冬小麦 r_c 的日内变化特征如图 3-5 所示,09:00 之前 r_c 较大,随着太阳辐射的增强,叶片气孔逐渐扩张,r_c 逐渐减小,在 10:00 之后变化趋于平稳,其值保持在 110 s/m 左右,此时段作物的蒸腾作用和光合作用较强。15:00 之后,随着太阳辐射逐渐减弱,r_c 急剧增大,至傍晚气孔完全闭合后 r_c 达到最大值。

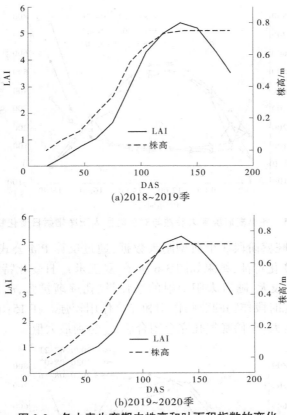

(a)2018~2019季

(b)2019~2020季

图 3-3　冬小麦生育期内株高和叶面积指数的变化

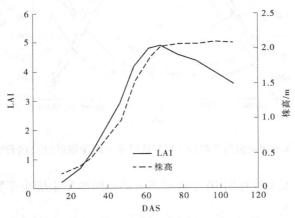

图 3-4　夏玉米生育期内株高和叶面积指数的变化

使用 KP 模型需要对模型中系数 a 和 b 进行率定,本研究随机选取冬小麦试验期间 10 个典型晴天的小时数据来确定系数 a 和 b,拟合结果为

$$r_c/r_a = 0.59r^*/r_a + 0.12, R^2 = 0.91 \tag{3-16}$$

即 $a = 0.59, b = 0.12$。

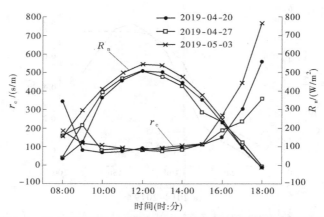

图 3-5　冬小麦冠层阻力参数与对应时段太阳净辐射日变化特征

选取夏玉米生长旺盛阶段 3 个典型晴天数据,通过反算 PM 公式求得夏玉米冠层阻力参数 r_c,分析 r_c 日变化特征,结果如图 3-6 所示,夏玉米 r_c 日变化特征与冬小麦相似,呈 "U"形,09:00 之前 r_c 较大,随着太阳辐射的增强,气孔逐渐扩张,r_c 逐渐减小,在 10:00 之后变化趋于平稳,此时段作物的蒸腾作用和光合作用较强。在 15:00 之后,随着太阳辐射逐渐减弱,r_c 急剧增大,至傍晚气孔完全闭合后,r_c 达到最大值。

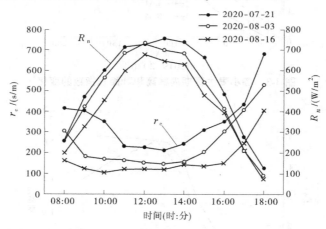

图 3-6　夏玉米冠层阻力参数(r_c)与对应时段太阳净辐射(R_n)的日变化特征

本书随机选取夏玉米生育期 10 个典型晴天的小时数据来确定系数 a 和 b,拟合结果为

$$r_c/r_a = 0.68r^*/r_a + 3.20, R^2 = 0.85 \qquad (3-17)$$

即 $a = 0.68$,$b = 3.20$。Liu 等[88]对澳大利亚东南部玉米农田的研究结果得出 $a = 1.49$,$b = -1.72$;Gharsallah 等[89]对意大利北部玉米农田的相关研究得出 $a = 0.24$,$b = 4.44$。本研究确定的系数 a、b 与其他学者的研究结果差别较大,可见 KP 模型中系数在不同的气候和植被条件下差别较大。表 3-2 为以往研究针对不同作物的率定结果。

表 3-2　不同作物种植条件下 KP 模型系数的率定结果比较

作物	a	b	参考文献	作物	a	b	参考文献
苜蓿	0.31	0.25	Katerji 和 Perrier[110]	向日葵	0.45	0.20	Rana 等[29]
森林	0.55	1.31	Shi 等[91]	番茄	0.54	2.40	Katerji 等[86]
高粱	0.54	0.61	Rana 等[29]	葡萄	0.91	0.45	Katerji 等[124]
草地	0.16	0	Rana 等[84]	玉米	1.49	−1.72	Liu 等[88]
生菜	0.73	−0.58	Alves 等[85]	油菜	0.09	0.13	Liu 等[88]
大豆	0.55	1.55	Rana 等[83]	冬小麦	0.59	0.12	本研究
玉米	0.68	3.20	本研究	茶园	1.06	0.29	本研究

3.3　温室环境下 Penman-Monteith 模型中阻力参数的确定

3.3.1　黄瓜冠层阻力参数的确定

在温室内,由于风速极小,采用上述冠层阻力参数模型将产生较大误差,温室内冠层阻力参数 r_c 可通过叶片气孔阻力参数 r_s 与作物有效叶面积指数(LAI$_e$)的比值进行计算:

$$r_c = \frac{r_s}{LAI_e} \qquad (3-18)$$

式中,LAI$_e$ 计算方法如下[117]:

$$LAI_e = \frac{LAI}{0.3LAI + 1.2} \qquad (3-19)$$

叶片气孔阻力参数 r_s 是确定冠层阻力参数 r_c 的关键参数,r_s 的大小由作物叶片气孔开闭程度决定,在充分供水条件下,气孔的开闭主要受气象因子影响,因此可通过分析 r_s 与温室内气象因子的相关关系来确定 r_s。本研究对 r_s 与温室内气象因子的相关关系分析结果显示,太阳辐射 R_s 是影响 r_s 的主要气象因子,两者呈指数函数关系,r_s 随 R_s 的变化规律如图 3-7 所示,回归关系式如下式:

$$r_s = 104.8 + 497.8\exp(-0.037R_s) \qquad (3-20)$$

该研究结果与 Jolliet 等[108]对温室番茄及 Qiu 等[103]对温室甜椒的研究结果相似,即通过构建单一气象因子 R_s 与 r_s 的相关关系来确定叶片气孔阻力参数,但由于作物及温室气候环境的差异,不同研究所得 R_s 与 r_s 的回归系数存在较大差异。如图 3-7 所示,当 R_s 低于 100 W/m² 时,r_s 较高,但明显低于 Yang 等[109]对美国中东部地区温室黄瓜的研究结果,不同地区气候和种植管理的差异是造成研究结果存在差异的主要原因。随着 R_s 的升高,叶片逐渐进行光合作用,r_s 迅速下降,当 R_s 大于 100 W/m² 之后,黄瓜叶片 r_s 不再下降,基本保持在 100 s/m。罗卫红等[118]在与本研究相近地区取得了相似的研究结果,而 Yang 等[109]的研究结果显示,当 R_s 大于 300 W/m² 之后,黄瓜叶片 r_s 才趋于稳定。

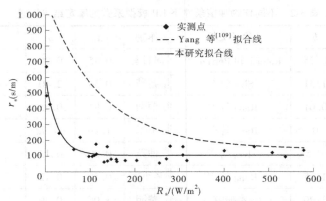

图 3-7　黄瓜叶片气孔阻力参数(r_s)与太阳辐射(R_s)的关系

3.3.2　温室环境下空气动力学阻力参数的确定

采用式(3-5)确定温室内空气动力学阻力参数 r_a 时,需要通过 G_r/Re^2 的相对大小判定温室内对流类型(见表 3-1),进而确定热传输系数的计算方法。通过观测温室内主要气象因子气温 T_a、风速 u、冠层温度 T_c 及黄瓜生长过程等资料,基于表 3-1 对温室内对流类型进行判别。图 3-8 为温室内 G_r/Re^2 在 9 d 内的变化规律,图中数据包含了不同天气条件:晴天(5 月 3 日、10 日、13 日),多云天(5 月 2 日、18 日、29 日)和阴雨天(5 月 5 日、12 日和 21 日)。如图 3-8 所示,G_r/Re^2 值在夜间保持平稳,在日间明显高于夜间且变化较大。通过分析黄瓜整个生育期温室内的对流类型,发生混合对流的时段占总计算时段的比例为 94%,发生自由对流和强迫对流的时段占总时段的比例较小,2% 的时间为自由对流,且全部发生在白天,4% 的时间为强迫对流,白天和夜间均有发生。在不同天气条件发生的对流类型存在差异,自由对流主要发生在晴天中午时段,在多云天和阴雨天只有极少数情况下发生。温室内 G_r/Re^2 值绝大多数在 0.1~10,表明温室内绝大多数时间的对流类型为混合对流。Qiu 等[103]在研究西北地区日光温室对流类型中得出相似的结果,但本研究中温室内自由对流主要发生在白天,Qiu 等[103]的研究表明自由对流主要发生在夜间和清晨,强迫对流没有发生,地区间的气候差异可能是造成结果存在差异的主要原因。

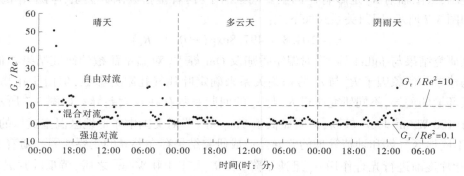

图 3-8　温室内 G_r/Re^2 的日变化特征

3.3.3　温室环境下冠层阻力与空气动力学阻力参数的变化特点

温室黄瓜生长期典型晴天冠层阻力参数 r_c 和空气动力学阻力参数 r_a 的变化特点如图 3-9 所示。由于 R_s 对作物叶片气孔阻力参数 r_s 的变化起决定作用,r_c 在夜间较大且恒定,其值为 574 s/m;白天日出前后变幅较大,随日出迅速下降,在 09:00~15:00 变化较稳定,该时段 r_c 均值为 112 s/m,16:00 之后 r_c 迅速升高。r_a 的日变化较 r_c 稳定,其平均值为 158 s/m。以往学者对不同地区温室作物 r_a 的研究取得了不同的结果,Villarreal 等[107] 对美国西南部温室甜椒和番茄的研究表明,两种种植情况下 r_a 分别为 59 s/m 和 70 s/m;Möller 等[129] 研究法国西北部温室凤仙花的结果显示,r_a 平均值为 220 s/m。

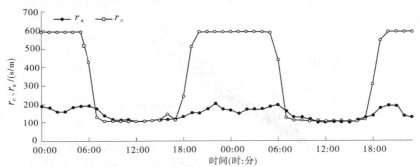

图 3-9　温室黄瓜冠层阻力参数 r_c 与空气动力学阻力参数 r_a 的变化特点

3.4　基于不同冠层阻力参数子模型验证 Penman-Monteith 模型精度

3.4.1　基于 Katerji-Perrier 和 Todorovic 模型估算冬小麦潜热通量的精度分析

基于 KP 和 TD 两种冠层阻力参数子模型,应用 PM 模型模拟冬小麦小时尺度潜热通量的模拟结果与实测值对比如图 3-10 所示。KP 和 TD 两种方法在两季冬小麦试验中都取得了较高的模拟精度,拟合关系式斜率均接近于 1,决定系数 R^2 均大于 0.8。两种子模型的误差统计指标如表 3-3 所示。

表 3-3　基于 KP 和 TD 冠层阻力参数子模型模拟冬小麦潜热通量与实测值的误差分析

种植年份	冠层阻力参数模型	MAE	RMSE	NSE
2018~2019	Katerji-Perrier	18.88	33.20	0.93
	Todorovic	20.82	34.59	0.93
2019~2020	Katerji-Perrier	30.53	46.26	0.91
	Todorovic	42.67	57.82	0.86

注:MAE 为平均绝对误差,W/m^2;RMSE 为均方根误差,W/m^2;NSE 为纳什效率。

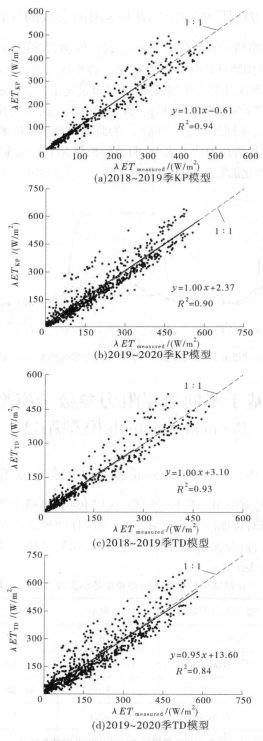

图 3-10　冬小麦生育期潜热通量实测值与 PM 模型估算值对比

如图 3-10 所示，KP 模型对两季冬小麦 λET 的模拟值与实测值拟合曲线的斜率分别为 1.01 和 1.00，截距分别为 -0.61 和 2.37，MAE 分别为 18.88 W/m^2 和 30.53 W/m^2，RMSE 分别为 33.20 W/m^2 和 46.26 W/m^2，NSE 分别高达 0.93 和 0.91。KP 模型略微高估了 2018~2019 季冬小麦 λET 值，可能的原因是：在确定 KP 模型参数 a 和 b 时，随机选取了生育期内数据进行参数率定，未进行生育阶段划分，因此参数的率定没有考虑冬小麦的生长状态。λET 模拟值与实测值的差值及 VPD 的相关关系如图 3-11 所示，当 VPD>2 kPa 时，误差随着 VPD 的增大而显著增大。但总体而言，KP 模型可以准确地模拟苏南地区冬小麦 λET。

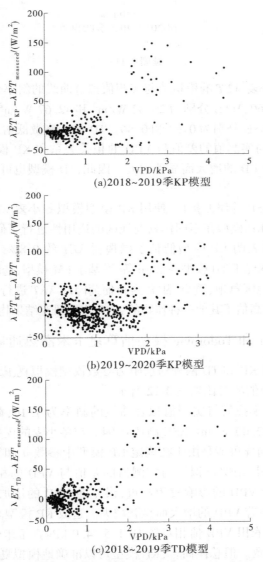

(a)2018~2019季KP模型

(b)2019~2020季KP模型

(c)2018~2019季TD模型

图 3-11　基于 KP 和 TD 冠层阻力参数模型模拟冬小麦 λET 的绝对误差与 VPD 的相关关系

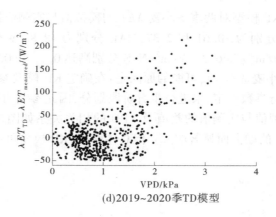

(d)2019~2020季TD模型

续图 3-11

　　TD 模型对两季冬小麦 λET 的模拟值与实测值拟合曲线的斜率分别为 1.00 和 0.95,截距分别为 3.10 和 13.60,MAE 分别为 20.82 W/m² 和 42.67 W/m²,RMSE 分别为 34.59 W/m² 和 57.82 W/m²,NSE 分别为 0.93 和 0.86。TD 模型略微低估了 2019~2020 季冬小麦 λET 值,λET 模拟值与实测值的差值与 VPD 的相关关系和 KP 模型所得结果相似,当 VPD>2 kPa 时,误差随 VPD 的增大而显著增大。因此,TD 模型也可以较为准确地模拟苏南地区冬小麦 λET。

　　综合考虑 MAE、RMSE 等误差指标,使用 KP 模型模拟冬小麦 λET 的准确度优于 TD 模型。已有多位学者对 KP 模型在不同作物及地区的适用性进行了研究,Margonis 等[90]对橄榄树 λET 的模拟结果表明 KP 模型低估了橄榄树 λET 约 9.8%,而 TD 模型高估了约 15%,KP 模型的整体表现优于 TD 模型;Katerji 等[87]基于 PM 模型,选取 KP 和 TD 两种冠层阻力模型对意大利南部地区草地、黄豆、甜高粱和葡萄园的 λET 进行了模拟,结果表明 TD 模型低估了草地 λET,而高估了其他三种作物的 λET,以上研究结果均与本研究结果一致。

3.4.2　Katerji-Perrier 和 Todorovic 模型估算夏玉米潜热通量的精度分析

　　基于 PM 模型,使用 KP 和 TD 两种冠层阻力参数模型模拟夏玉米小时尺度的潜热通量 λET,模拟结果与实测值的对比如图 3-12 所示。

　　对于 KP 模型,λET 模拟值与实测值拟合曲线的斜率为 1.10,截距为 0.20,MAE 为 19.94 W/m²,RMSE 为 32.00 W/m²,NSE 高达 0.94。与冬小麦的模拟结果相似,KP 模型高估了夏玉米 λET 值,同样可能是由于在确定 KP 模型中参数 a 和 b 时未对夏玉米生长阶段进行划分所致。另外,λET 模拟值与实测值的差值与 VPD 的相关关系如图 3-13 所示,可以看出 KP 模型受 VPD 的影响较为严重,误差随 VPD 的增加几乎呈线性增加,当 VPD>1.5 kPa 时,误差随着 VPD 的增大而显著增大。造成 KP 模型高估 λET 的另一个原因可能是 7 月、8 月玉米农田 VPD 值相对较大(1.5~4.0 kPa),玉米叶片气孔阻力参数对 VPD 的变化比较敏感所致。但总体而言,KP 模型可以准确地模拟夏玉米生育期内 λET。

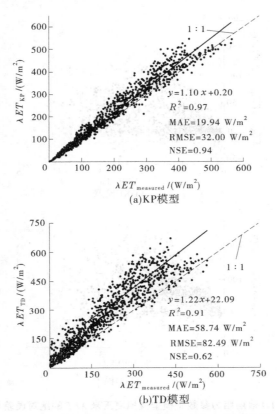

(a)KP模型

(b)TD模型

图 3-12　基于 KP 和 TD 冠层阻力参数子模型模拟
夏玉米潜热通量值与实测值的对比

　　TD 模型高估了夏玉米 λET 值，λET 模拟值与实测值拟合曲线的斜率为 1.22，截距为 22.09，MAE 为 58.74 W/m²，RMSE 为 82.49 W/m²，NSE 为 0.62。λET 模拟值与实测值的差值与 VPD 的关系与 KP 模型所得结果相似，当 VPD>1.5 kPa 时，误差随着 VPD 的增大而显著增大。与 KP 模型产生误差的原因相似，TD 模型产生较大误差的原因之一也可能是 7 月、8 月玉米农田 VPD 值相对较大(1.5~4.0 kPa)，玉米的气孔阻力对 VPD 的变化比较敏感所致。此外，还可能是由于 TD 模型本身存在的局限性，该模型是建立在假设冠层阻力主要是 VPD 的函数且对于所有植被类型都相同的理想状况下，而实际状况的差异是误差产生的另一原因[87]。总体而言，TD 模型在模拟苏南地区夏玉米 λET 时误差较大，根据本研究结果，不推荐使用。

　　综上所述，使用 KP 模型模拟苏南地区夏玉米 λET 的准确度优于 TD 模型。Gharsallah 等[89]对意大利北部玉米农田 λET 的模拟结果同样表明，KP 模型可以精确地模拟玉米农田 λET；Shi 等[91]对长白山森林 λET 的研究表明 KP 和 TD 模型的模拟精度随 VPD 的增大而增大，尤其是当 VPD>1.5 kPa 时，误差随 VPD 的增大而迅速增大，KP 模型更加适合于模拟 0.5 h 尺度的森林 λET，而 TD 模型通常会高估森林 λET，以上研究结果均与本研究相似。

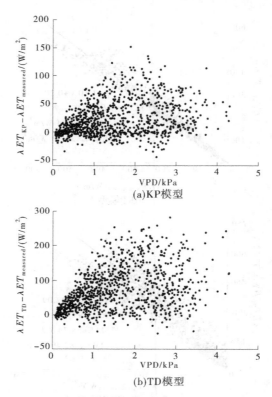

(a)KP模型

(b)TD模型

图 3-13 基于 KP 和 TD 冠层阻力参数子模型模拟夏玉米 λET 的绝对误差与 VPD 的相关关系

3.4.3 Penman-Monteith 模型估算黄瓜潜热通量精度分析

PM 模型模拟温室黄瓜不同生育期(初期、快速生长期、中期、末期)λET 小时值与实测值的演变规律如图 3-14 所示,不同生育期 PM 模型的模拟值与实测值变化趋势基本一致。在黄瓜生长中期,PM 模型的模拟结果与实测值最为接近,但在其他三个生长期,PM 模型明显高估了黄瓜 λET,在快速生长期和末期,当黄瓜 λET 较小时(夜间或阴雨天气),PM 模型模拟值高估程度较小,与实测值较为接近;而在黄瓜生长初期,PM 模型模拟值总是高估 λET 实测值。

3.4.3.1 Penman-Monteith 模型模拟误差统计分析

PM 模型模拟温室黄瓜不同生育期(初期、快速生长期、中期、末期)λET 小时值与实测值的拟合结果如图 3-15 所示。结合表 3-4 可知,在黄瓜生长中期,采用 PM 模型能较准确地模拟温室黄瓜 λET,R^2 为 0.82,黄瓜生长中期实测 λET 平均值为 58.59 W/m^2,PM 模型模拟值为 64.48 W/m^2,NSE 为 0.72;在其他三个生育期,PM 模型模拟值与实测值虽然也具有较高的相关性,但均明显高估了实测 λET,PM 模型高估程度在不同生长期由高到低依次为:生长初期、生长末期和快速生长期。

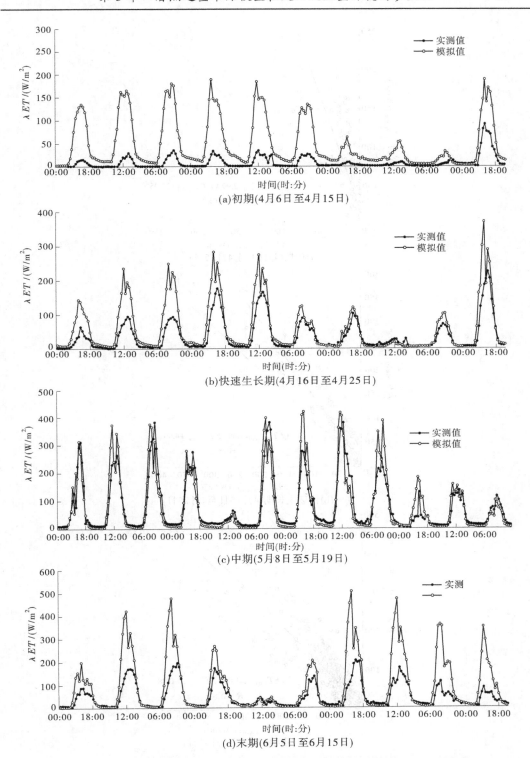

图 3-14　PM 模型模拟黄瓜不同生育期潜热通量与实测结果的演变规律

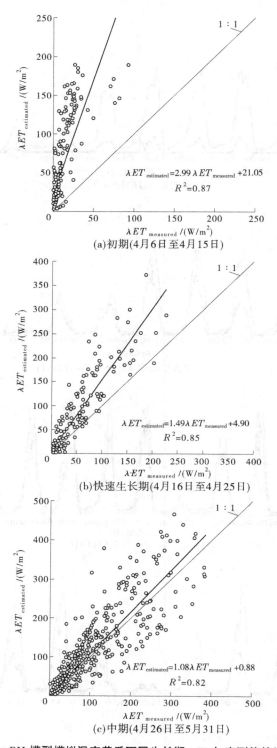

(a)初期(4月6日至4月15日)

(b)快速生长期(4月16日至4月25日)

(c)中期(4月26日至5月31日)

图 3-15　PM 模型模拟温室黄瓜不同生长期 λET 与实测值的拟合结果

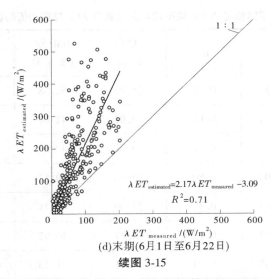

(d) 末期(6月1日至6月22日)

续图 3-15

表 3-4　PM 模型模拟黄瓜不同生长期 λET 值与实测值的误差分析结果

生育期	拟合公式	R^2	$\lambda ET_{实测}/$ (W/m^2)	$\lambda ET_{模拟}/$ (W/m^2)	MAE/ (W/m^2)	RMSE/ (W/m^2)	NSE
初期	$y = 2.99x+21.05$	0.87	8.04	45.07	37.16	54.94	−16.64
快速生长期	$y = 1.49x+4.90$	0.85	36.41	56.82	22.52	39.47	0.28
中期	$y = 1.08x+0.88$	0.82	58.59	64.48	23.37	40.76	0.72
末期	$y = 2.17x-3.09$	0.71	41.58	87.19	49.44	92.65	−2.79

注:表中 y 为 λET 模拟值,W/m^2;x 为 λET 实测值,W/m^2。

3.4.3.2　基于固定的空气动力学阻力值模拟黄瓜潜热通量

采用对流理论计算空气动力学阻力参数 r_a 时需观测温室内风速 u 和冠层温度 T_c,由于温室内 u 较小且稳定,因此 r_a 的变化较小,在一定范围内 r_a 取固定值对 PM 模型模拟精度的影响不显著[106]。本研究采用热传递系数法计算的 r_a 为 140~380 s/m,表 3-5 对 r_a 在 50~350 s/m 之间每隔 50 s/m 取固定值,并分别评价其应用于 PM 模型时的表现。从表 3-5 中统计分析指标可以看出,随着 r_a 增大,拟合线斜率逐渐减小并接近于 1,R^2 由 0.85 逐渐减小到 0.78,MAE、RMSE 和 NSE 呈逐渐减小后又逐渐增大的变化过程,PM 模型模拟的 λET 平均值也随 r_a 的增大逐渐减小。综合各项指标来看,当 r_a 取值在 200~250 s/m 时,PM 模型模拟温室黄瓜 λET 时表现最好。本研究结果表明,PM 模型可采用固定的 r_a 值确定温室黄瓜 λET,参数 r_a 的简化使 PM 模型更具有实用性,研究结果对于难以获取微气象资料的地区制定温室黄瓜高效灌溉制度具有重要参考价值。

表 3-5　基于 r_a 不同特征值 PM 模型模拟温室黄瓜 λET 与实测值的误差统计分析

r_a/ (s/m)	拟合公式	R^2	MAE/ (W/m²)	RMSE/ (W/m²)	NSE	λET_{ave}/ (W/m²)
50	$y=1.30x+1.59$	0.85	28.93	52.58	0.53	80.63
100	$y=1.14x+2.12$	0.83	23.93	42.68	0.69	68.66
150	$y=1.07x+0.30$	0.81	23.28	40.83	0.72	63.17
200	$y=1.04x-1.02$	0.80	23.52	40.57	0.72	59.94
250	$y=1.02x-2.03$	0.79	23.99	40.71	0.72	57.78
300	$y=1.01x-2.82$	0.78	24.47	40.95	0.72	56.23
350	$y=1.00x-3.45$	0.78	24.91	41.20	0.71	55.05

注:表中 y 为 λET 模拟值,W/m²;x 为 λET 实测值,W/m²。

3.5　Penman-Monteith 和 Priestley-Taylor 模型的精度比较与误差分析

3.5.1　Priestley-Taylor 模型系数 α 的演变规律及影响因素

准确应用 PT 模型的关键在于确定模型中系数 α,为明确 α 的年内变化规律和影响因素,本研究基于茶园实测 λET 和微气象数据确定 α 值,结果显示,年内 α 平均值为 1.20。图 3-16 为 α 的月平均值年内演变规律,α 值在夏季较小且最小值出现在 8 月前后,为 0.80,α 值在冬季较大且在 12 月出现最大值 1.58。以往研究结果显示,α 的大小与 LAI、土壤水分状况和 VPD 有关[125-126]。本研究中茶树为多年生作物,由于定期修剪,茶树的 LAI 在一年中变化较小,因此不作为考虑影响 α 的因子。

图 3-17 为 SWC 和 VPD 与 α 的拟合关系,α 与 SWC 具有正相关性,即 SWC 越高,α 越大,α 较大值主要发生在土壤含水量较高但 λET 较小的冬季。SWC 越高,茶树的 λET 越强,空气的相对湿度也越大,VPD 也增大。α 与 SWC 和 VPD 均有一定的相关性。从图 3-17(b)可以发现,VPD 越高,α 越小。由于 SWC 和 VPD 的季节性变化使 α 在年内具有一定的演变规律,因此基于 PT 模型模拟该地区茶园 λET 时,使用月平均 α 值代替固定值 1.20 可以提高 PT 模型的模拟精度。

3.5.2　Penman-Monteith 和 Priestley-Taylor 模型模拟茶园 λET 小时值精度

图 3-18 为基于 r_c^{KP} 和 r_c^{TD} 应用于 PM 模型模拟不同季节茶园 λET(分别记为 PM-r_c^{KP} 法、PM-r_c^{TD} 法)与波文比能量平衡观测系统(BREB)实测值变化规律的比较(图中数据为

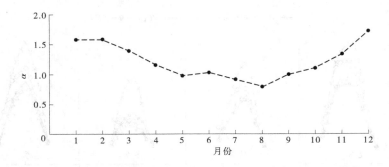

图 3-16 基于茶园数据计算 PT 模型中 α 值的年内演变规律

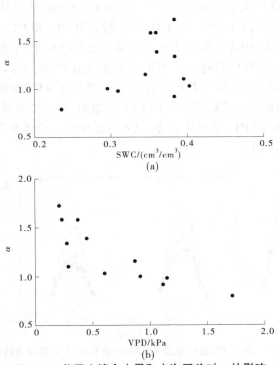

图 3-17 茶园土壤含水量和水汽压差对 α 的影响

5 d 相同时刻数据的平均）。从图 3-18 中可以看出，PM-r_c^{KP} 法和 PM-r_c^{TD} 法模拟结果与实测值具有相同的演变规律，并且两种方法在不同季节模拟结果误差随实测值的增大而增大，在中午时段误差达到最大。在 10:00 之前，PM-r_c^{KP} 法和 PM-r_c^{TD} 法模拟不同季节 λET 结果与实测值较为接近；在 14:00 之后，除冬季外，PM-r_c^{KP} 法在其余季节里模拟结果与实测值极为接近，而 PM-r_c^{TD} 法仍然明显高估了实测值。总体来看，除冬季外，PM-r_c^{TD} 法明显高估了其余三个季节的 λET 实测值，而 PM-r_c^{KP} 法模拟这三个季节 λET 与实测值较为接近，在冬季，两种方法均低估了茶园 λET，但 PM-r_c^{TD} 法表现优于 PM-r_c^{KP} 法。

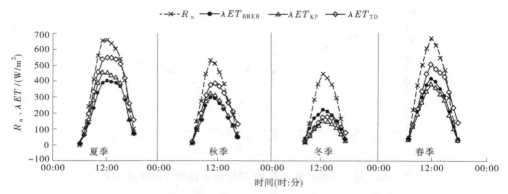

图 3-18 PM 模型估算不同季节茶园 λET 值与实测值的比较

应用 PT 模型计算茶园 λET 时,将使用固定 α 值(1.20)的计算方法记为 PT_C 法,使用 α 月平均值的方法记为 PT_V 法。图 3-19 为分别采用 PT_C 和 PT_V 法模拟茶园不同季节 λET 与实测值变化规律的比较(数据为 5 d 相同时刻数据的平均值)。从图 3-19 中可以看出,两种方法的模拟结果与实测 λET 具有相同的变化规律,但两种方法模拟结果在不同季节存在不同程度的误差,除冬季外,PT_C 法略微低估了 λET 实测值,而 PT_V 法高估了 λET,其余 3 个季节两种方法均高估了茶园 λET 实测值,在夏季和秋季 PT_C 法高估程度明显高于 PT_V 法,PT_C 法和 PT_V 法计算春季 λET 精度较高。总体来看,PT_V 法较 PT_C 法的模拟结果更接近于实测值。

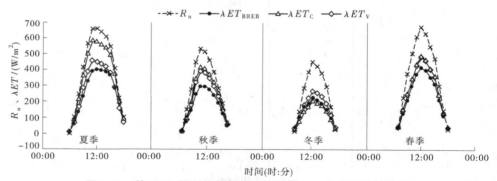

图 3-19 基于 PT 模型估算茶园不同季节 λET 与实测值的比较

基于 PM 和 PT 模型估算茶园 λET 小时值与实测值的拟合结果如图 3-20 所示。如图 3-20 所示,PM-r_c^{KP} 法的计算结果与实测值拟合点较均匀地分布在 1:1 线附近,表明该方法可以准确地模拟茶园 λET 的小时变化过程,而 PM-r_c^{TD} 法模拟结果高估了茶园实测小时 λET,并且高估程度随着 λET 的增大而增大。PT_C 法在实测值较小时的拟合点均匀分布在 1:1 线附近,但随着实测值的增大,PT_C 法的拟合结果明显高估了茶园 λET,表明采用 α 月均值的 PT_V 法明显优于采用常数 $\alpha=1.20$ 的 PT_C 法,PT_V 法模拟值与实测值的拟合点较均匀地分布在 1:1 线附近。

为了进一步评价 PM 和 PT 模型的模拟精度,将模型模拟结果与实测值进行统计分析,结果如表 3-6 所示。PM-r_c^{KP} 法、PM-r_c^{TD} 法、PT_C 法和 PT_V 法四种方法的模拟结果与实

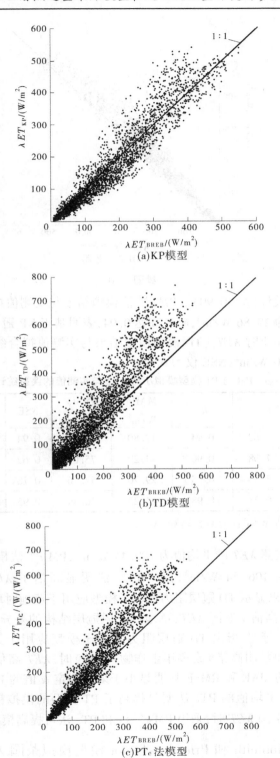

(a)KP模型

(b)TD模型

(c)PTc法模型

图 3-20　PM 与 PT 模型模拟小时 λET 与实测值的比较

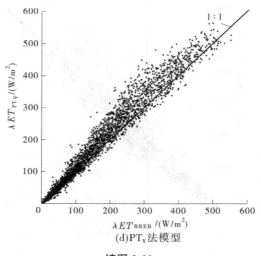

续图 3-20

测值均有较高的相关性($R^2 > 0.90$)。PM-r_c^{KP} 法模拟结果与实测值拟合线斜率为 1.02,截距为 -5.62,RMSE 为 29.86 W/m²,NSE 高达 0.94,表明基于 KP 冠层阻力参数子模型 PM 模型可准确估算茶园小时 λET。TD 模型模拟结果与实测值拟合线斜率为 1.31,截距为 7.08,RMSE 为 75.00 W/m²,NSE 仅为 0.62。

表 3-6　PM 与 PT 模型模拟小时 λET 与实测值的误差统计分析

方法	拟合公式	R^2	MAE/ (W/m²)	RMSE/ (W/m²)	NSE	λET_{BREB}/ (W/m²)	$\lambda ET_{modeled}$/ (W/m²)
PM-r_c^{KP}	$y=1.02x-5.62$	0.94	17.80	29.86	0.94	106.83	102.33
PM-r_c^{TD}	$y=1.31x+7.08$	0.90	44.29	75.00	0.62	106.83	144.37
PT$_C$	$y=1.31x-8.34$	0.95	29.76	57.76	0.78	106.83	131.75
PT$_V$	$y=1.10x-0.21$	0.98	14.23	26.39	0.95	106.83	117.37

注:表中 y 为 λET 模拟值,W/m²;x 为 λET 实测值,W/m²。

试验期间茶园实测 λET 的平均值为 109.44 W/m²,PM-r_c^{KP} 法模拟结果与实测值结果极为接近,平均值为 106.54 W/m²,但 PM-r_c^{TD} 法明显高估了 λET,平均值为 150.16 W/m²。以往研究结果显示 TD 冠层阻力参数子模型应用于草地时取得了较好结果,但本研究中 TD 模型明显高估了茶园 λET,草地和茶树冠层结构的差异可能是造成结果不同的主要原因。Katerji 等[87]指出 TD 冠层阻力参数子模型应用于天然环境(森林、大草原)、一年生作物(绿豆、甜高粱)或多年生作物(葡萄)时,λET 高估 30% ~ 50%。PT$_V$ 法模拟结果与实测值的 MAE 和 RMSE 均明显小于采用固定 α 值的 PT$_C$ 法,PT$_V$ 法 NSE 为 0.95,表明采用 α 月平均值的 PT$_V$ 法明显提高了 PT 模型的模拟精度。综上所述,基于 PM 和 PT 模型模拟茶园 λET 时,采用 PM-r_c^{KP} 法和 PT$_V$ 法可提高模拟精度。

3.5.3　Penman-Monteith 和 Priestley-Taylor 模型模拟茶园 λET 日值精度

基于 PM 和 PT 模型模拟茶园 λET 日变化与实测值的拟合结果如图 3-21 所示。其

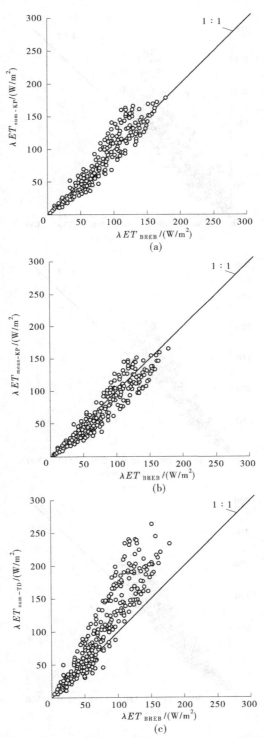

图 3-21 基于 PM 与 PT 模型模拟茶园 λET 日变化与实测值的拟合结果

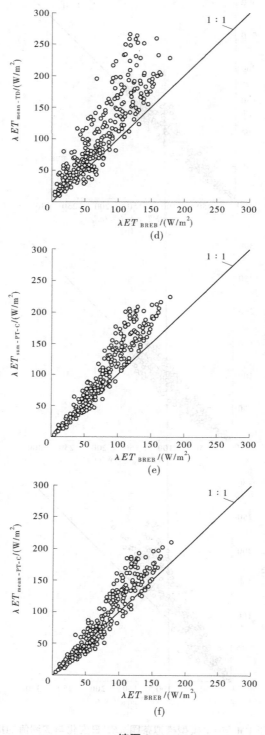

续图 3-21

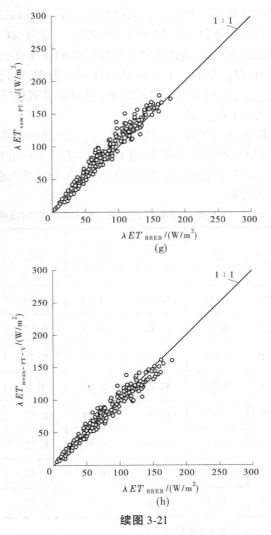

续图 3-21

中,图 3-21(a)、(c)、(e)、(g)为模拟值采用不同模型模拟小时尺度 λET 之和(依次记为 PM_{sum-KP}、PM_{sum-TD}、PT_{sum-C} 和 PT_{sum-V} 法),图 3-21(b)、(d)、(f)、(h)为 λET 模拟值采用日平均气象数据的计算结果(依次记为 $PM_{mean-KP}$、$PM_{mean-TD}$、PT_{mean-C} 和 PT_{mean-V} 法),不同方法模拟结果与实测值的误差统计分析如表 3-7 所示。不同方法模拟结果均与实测值具有较好的相关性,茶园生育期实测 λET 平均值为 67.61 W/m^2,PM_{sum-KP} 法可准确模拟茶园日 λET,该方法模拟 λET 的平均值为 65.11 W/m^2,NSE 为 0.89,RMSE 值较 PM_{sum-TD} 和 PT_{sum-C} 法分别低 63.2% 和 49.6%,PT_{sum-V} 法表现次之,模拟结果略微高估 λET,但 PT_{sum} 法在 λET 较小时精度较高,优于基于 PM 模型的其他计算方法。PM_{sum-TD} 法和 PT_{sum-C} 法高估了 λET,两种方法估算结果与实测值的拟合线斜率分别为 1.49 和 1.38,NSE 较小,分别为 0.15 和 0.55。采用日平均气象数据模拟 λET 的方法中,$PM_{mean-KP}$ 法低估了 λET,

模拟的 λET 平均值为 59.78 W/m², PM$_{mean-TD}$ 法和 PT$_{mean-C}$ 法明显高估了 λET, 两种方法估算结果与实测值拟合线的斜率分别为 1.42 和 1.23, PT$_{mean-V}$ 法在 λET 较小时与实测值极为接近, 在 λET 较大时略低估其值, 是各模型中精度最高的计算方法, 模拟 λET 的平均值为 68.43 W/m², NSE 为 0.97。在基于 PM 模型的计算方法中, PM$_{sum-KP}$ 法优于 PM$_{mean-KP}$ 法, PM$_{sum-TD}$ 法优于 PM$_{mean-TD}$ 法; 而基于 PT 模型的计算方法呈现相反的结果, PT$_{mean-C}$ 法优于 PT$_{sum-C}$ 法, PT$_{mean-V}$ 法优于 PT$_{sum-V}$ 法。

综合各项统计分析指标可知, PM$_{sum-KP}$ 法和 PT$_{mean-V}$ 法可准确模拟苏南地区茶园 λET, 在小时气象数据难以获取的情况下, 推荐使用 PT$_{mean-V}$ 法。本研究中除 PM$_{sum-TD}$ 法模拟 λET 平均值小于 PM$_{mean-TD}$ 法外, 其他方法采用小时尺度的 λET 之和的计算结果均大于采用日平均气象数据的计算结果。

表 3-7 基于 PM 与 PT 模型模拟茶园 λET 日变化与实测值的误差统计分析

方法	拟合公式	R^2	MAE/ (W/m²)	RMSE/ (W/m²)	NSE	λET_{BREB}/ (W/m²)	$\lambda ET_{simulated}$/ (W/m²)
PM$_{sum-KP}$	$y=1.08x-8.22$	0.92	10.54	13.99	0.89	67.61	65.11
PM$_{mean-KP}$	$y=0.96x-5.22$	0.91	11.61	14.95	0.87	67.61	59.78
PM$_{sum-TD}$	$y=1.49x-11.20$	0.85	25.48	37.99	0.15	67.61	93.22
PM$_{mean-TD}$	$y=1.42x+0.85$	0.79	31.23	45.03	-0.18	67.61	96.56
PT$_{sum-C}$	$y=1.38x-9.18$	0.93	18.54	27.74	0.55	67.61	83.92
PT$_{mean-C}$	$y=1.23x-6.09$	0.91	14.06	20.52	0.75	67.61	77.03
PT$_{sum-V}$	$y=1.06x+3.01$	0.97	8.07	10.98	0.93	67.61	74.58
PT$_{mean-V}$	$y=0.94x+4.99$	0.97	5.56	7.45	0.97	67.61	68.43

注: 表中 y 为 λET 模拟值, W/m²; x 为 λET 实测值, W/m²。

3.5.4 不同模型模拟茶园 λET 的误差成因分析

通过本章 3.4 部分关于 PM 模型模拟冬小麦和夏玉米 λET 的误差成因分析结果, VPD 可能是不同模型模拟 λET 与实测值存在差异的主要原因[91]。图 3-22 为不同方法模拟 λET 日值和实测值差值与 VPD 的相关关系, 从图中可以看出, PM-r_c^{KP} 法和 PT$_V$ 法模拟结果与实测值的差值较均匀且随机分布在 $y=0$ 线附近, 表明 VPD 的变化对两种方法的绝对误差影响较小; 而 PM-r_c^{TD} 法的绝对误差受 VPD 的影响显著, 并且 PM-r_c^{TD} 法高估 λET 的程度随着 VPD 的增大而线性增大。当 VPD<0.5 kPa 时, PT$_C$ 法的绝对误差均匀分布在 $y=0$ 线附近, 当 VPD>0.5 kPa 时, 也随着 VPD 的增大而线性增大。

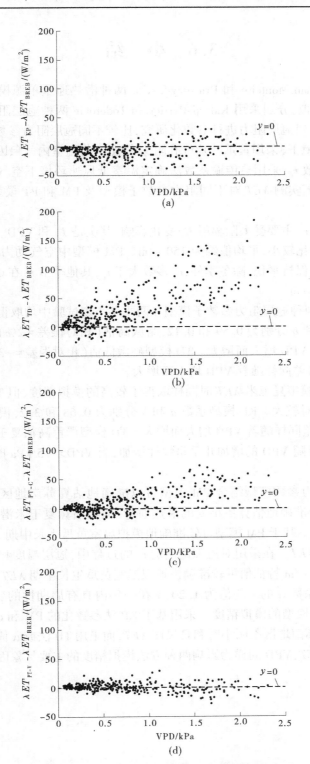

图 3-22　VPD 对不同模型模拟误差的影响分析

3.6　小　结

本章基于 Penman-Monteith 和 Priestley-Taylor 两种潜热通量单源模型对不同农田潜热通量 λET 进行模拟,分别采用 Katerji-Perrier 和 Todorovic 两种冠层阻力参数子模型对冬小麦、夏玉米及茶树冠层阻力进行参数化研究,比较不同冠层阻力参数模型的准确性及适用性。在温室环境下,采用黄瓜叶片气孔阻力参数 r_s 与温室内气象因子的相关关系确定黄瓜冠层阻力参数 r_c,采用热传输系数法确定温室低风速环境下空气动力学阻力。基于大田及温室环境下实测 λET 对不同阻力参数子模型及 PM 和 PT 模型进行验证,具体结论如下:

(1)PM 模型中 r_c 主要受太阳辐射 R_s 变化影响,其次是 T_a 和 VPD。r_c 在早晨迅速下降,08:00~14:00 变化较小,平均值约为 150 s/m。PM 模型中空气动力学阻力参数 r_a 在早晨迅速下降,之后保持平稳,除冬季外,r_a 多数大于 r_c,其他季节 r_a 在 09:00 之后均明显低于 r_c 且小于 100 s/m。

(2)KP 和 TD 两种冠层阻力参数子模型在两季冬小麦试验中均取得了较高的模拟精度,KP 模型系数 a 和 b 分别为 0.59 和 0.12,略微高估(相对误差 = 2%)2018~2019 季冬小麦 λET,误差随着 VPD 增大而增大。TD 模型略微低估(相对误差 = -3.2%)2019~2020 季冬小麦 λET 值,误差同样随着 VPD 增大而增大。

(3)KP 模型在模拟夏玉米 λET 时同样取得了较高的模拟精度,但 TD 模型在模拟夏玉米 λET 时误差相对较大。KP 模型系数 a 和 b 分别为 0.68 和 3.2,模型高估了夏玉米 λET 值约 8.9%,误差同样随着 VPD 增大而增大。TD 模型严重高估夏玉米 λET 值(相对误差 = 35.4%),误差随 VPD 的增加几乎呈线性增加,当 VPD>1.5 kPa 时,误差随着 VPD 的增大而显著增大。

(4)KP 冠层阻力参数模型结合 PM 模型可以准确地估算苏南地区冬小麦和夏玉米 λET;TD 模型可以较准确地估算冬小麦的潜热通量,但在估算夏玉米潜热通量时误差相对较大,不推荐使用。基于 PM 模型可较准确地模拟温室黄瓜生长中期 λET,但高估了其他三个生长阶段的 λET。在采用对流理论确定 r_a 的过程中,冠层温度和风速资料较难获取时,r_a 取 200~250 s/m 特征值可较准确模地拟温室黄瓜生长中期 λET。

(5)PT 模型中系数 α 的平均值为 1.20,α 在一年内具有周期性的变化规律,采用月均值可明显提高 PT 模型的模拟精度。采用基于 KP 法参数化的 PM 和 α 月均值的 PT 模型均可准确地模拟苏南地区茶园小时和日尺度 λET,而采用 TD 法或 α 固定值均使 PM 和 PT 模型高估茶园 λET,VPD 同样为影响两种方法模拟精度的主要气象因子。

第4章 温室及大田环境下蒸腾蒸发双源模型的参数化

作物蒸腾蒸发是农田生态系统中水量收支和能量平衡的重要过程,也是水分消耗的主要途径[36]。农业用水中约99%的水分以作物植株蒸腾(T_r)和土壤蒸发(E_g)的形式消耗,储存在植株及果实中的水分不足耗水总量的1%[128]。因此,准确并分离确定作物植株蒸腾(T_r)和土壤蒸发(E_g)对于制定合理的灌溉制度、减少无效的水分消耗、提高作物产量及水分利用效率至关重要[148]。

估算作物蒸腾蒸发量 ET_c 的机制模型有 Penman-Monteith(PM)模型、Shuttleworth-Wallace(SW)双源模型和 FAO-56 双作物系数法等[131]。PM 模型将作物冠层和土壤表面看成一个整体进行估算,忽略了 E_g 对 ET_c 的影响。大量研究表明,E_g 在 ET_c 中占很大一部分比例,如 Huang 等[36]基于 SW 双源模型对温室黄瓜 ET_c 进行动态模拟,并应用蒸渗仪和茎流计实测 ET_c 和 T_r 对模型精度进行了验证,得出 E_g/ET_c 在黄瓜生育期内的平均值为 14.81%;Li 等[136]应用改进的 SW 双源模型对樱桃园 ET_c 进行动态模拟,并基于微型蒸发器和茎流计实测值对模型精度进行了验证,得出 E_g/ET_c 的变化范围为 20%~30%;赵娜娜等[40]应用双作物系数法对冬小麦 ET_c 进行动态模拟,并基于大型称重式蒸渗仪测定结果进行验证,得出 E_g/ET_c 在整个生育期的变化范围为 17%~22%。文治强等[149]基于双作物系数法对甘肃省石羊河流域覆膜春小麦耗水结构进行评价,结果表明,覆膜情况下 E_g/ET_c 仍然高达 26%~30%;Qiu 等[137]基于中国西北地区温室实测数据,应用双作物系数法对覆膜西红柿 ET_c 进行模拟,得出 E_g/ET_c 在全生育期内均为 5.9%,但在西红柿生长初期,E_g/ET_c 高达 22.8%。

SW 双源模型和双作物系数法可以实现 E_g 与 T_r 的分别估算,但在估算不同地区作物 ET_c 时两种模型的精确度及适用性存在争议。为此,大量研究者比较了两种模型估算作物 ET_c 的精度,如 Gharsallah 等[89]比较了意大利北部玉米农田中应用 SW 双源模型和双作物系数法的表现,结果显示 SW 双源模型估算玉米各生育期 ET_c 的表现均优于双作物系数法,双作物系数法高估了玉米生长中期和后期 ET_c;Jiang 等[150]通过涡度相关法实测中国西北部玉米 ET_c 值,对比验证了 SW 双源模型和双作物系数法的估算精度,结果显示 SW 双源模型模拟精度高于双作物系数法。然而,Gong 等[35]比较了 SW 双源模型和双作物系数法估算中国中部温室西红柿 ET_c 值,发现在西红柿全生育期双作物系数法模拟精度均高于 SW 双源模型,西红柿生长初期,SW 双源模型高估了 ET_c 值17%,低估了西红柿生长中期 ET_c 值16.6%;Zhao 等[135]也报道了类似结果,在模拟中国西北部葡萄园 ET_c 值时,双作物系数法的精度明显优于 SW 双源模型,双作物系数法较准确地估算了葡萄 ET_c 值,而 SW 双源模型明显高估了灌水后葡萄 ET_c 值。基于以上文献结果,分析并比较 SW 双源模型和双作物系数法估算相同气候条件下不同作物 ET_c 的准确性及适用性研究非常有必要。

因此,本研究选取苏南地区大田环境下茶树、冬小麦及温室环境下黄瓜作为研究对象,通过农田实测数据对 SW 双源模型和双作物系数法中的参数进行率定和修正;评价 SW 双源模型和修正的双作物系数模型估算茶园与冬小麦及温室黄瓜 ET_c 的准确性;基于不同作物田间实测数据对模型及参数的适用性进行验证,并对模型估算不同种植环境下的误差成因进行分析。

4.1　Shuttleworth-Wallace 双源模型

Shuttleworth 和 Wallace(1985)首先提出了一个在稀疏作物覆盖下的蒸腾与蒸发模型,将土壤表面和作物冠层看成两个既相互独立又相互作用的水汽源,建立起分别估算土壤蒸发和作物植株蒸腾的 Shuttleworth-Wallace 双源模型(简称 SW 双源模型)[34,139]。该模型是基于 Penman-Monteith 公式的线性组合,其耦合方式为植被冠层下和裸土的水热状况影响冠层上部水汽饱和差[130]。当冠层下阻力或土壤阻力较大时,冠层下的显热通量使冠层上部的水汽饱和差增大;如果冠层下阻力或土壤阻力较小,则下部的蒸发会使空气湿度增加,从而减小冠层上部的水汽饱和差[130]。

$$ET_c = T_r + E_g \tag{4-1}$$

$$T_r = C_c \frac{\Delta A + (\rho_a c_p D - \Delta r_a^c A_s)/(r_a^a + r_a^c)}{\Delta + \gamma(1 + r_s^c/(r_a^a + r_a^c))} \tag{4-2}$$

$$E_g = C_s \frac{\Delta A + (\rho_a c_p D - \Delta r_a^c(A - A_s))/(r_a^a + r_a^c)}{\Delta + \gamma(1 + r_a^s/(r_a^a + r_a^s))} \tag{4-3}$$

$$C_c = \left[1 + \frac{R_c R_a}{R_s(R_c + R_a)} \right]^{-1} \tag{4-4}$$

$$C_s = \left[1 + \frac{R_s R_a}{R_c(R_s + R_a)} \right]^{-1} \tag{4-5}$$

$$R_a = (\Delta + \gamma) r_a^a \tag{4-6}$$

$$R_s = (\Delta + \gamma) r_a^s + \gamma r_s^s \tag{4-7}$$

$$R_c = (\Delta + \gamma) r_a^c + \gamma r_s^c \tag{4-8}$$

式中,C_c 和 C_s 分别为冠层阻力和土壤表面系数;ρ_a 为空气密度,kg/m^3;D 为饱和水汽压差,kPa;c_p 为定压比热,为 1 013 $J/(kg \cdot ℃)$;γ 为湿度计常数,$kPa/℃$;Δ 为温度-饱和水汽压关系曲线的斜率,$kPa/℃$;A 和 A_s 分别为冠层及土壤表面可利用能量,W/m^2。模型需要参数化的五个阻力参数分别为:r_a^a 为冠层高度到参考高度间的空气动力学阻力参数,s/m;r_a^s 为地面到冠层高度的空气动力学阻力参数,s/m;r_a^c 为冠层边界阻力参数,s/m;r_s^c 为冠层阻力参数,s/m;r_s^s 为土壤表面阻力参数,s/m。

4.1.1　Shuttleworth-Wallace 双源模型参数在茶园的率定

4.1.1.1　冠层阻力参数的率定

冠层阻力参数(r_s^c)指水汽蒸发通过作物冠层时的阻力[101]。本研究采用茶园实测 λET 值代入 PM 模型中得出对应的 r_s^c 值。Katerji 等[72]提出作物冠层阻力参数与空气动力学阻力参数的比值(r_s^c/r_a)及气象因子阻力参数与空气动力学阻力参数的比值(r^*/r_a)存在着线性关系[151]。本研究通过数据分析发现,r_s^c/r_a 与(r^*/r_a)$^{0.5}$ 呈二次函数关系的相关性较线性关系(见第 3 章)更高,这与 He 等[152]模拟中国西北地区冬小麦冠层阻力参数的结果一致。

$$r_s^c = \left[\frac{\Delta(R_n - G) + \dfrac{\rho_a c_p(e_s - e_a)}{r_a}}{\lambda ET} - \Delta \right] \frac{r_a}{\gamma} - r_a \qquad (4\text{-}9)$$

$$r^* = \frac{\Delta + \gamma}{\gamma} \frac{\rho_a c_p(e_s - e_a)}{\Delta(R_n - G)} \qquad (4\text{-}10)$$

$$\frac{r_s^c}{r_a} = a \times \frac{r^*}{r_a} + b \times \sqrt{\frac{r^*}{r_a}} + c \qquad (4\text{-}11)$$

$$r_a = \frac{\ln[(x - d)/(h_c - d)] \ln[(x - d)/z_0]}{u\kappa^2} \qquad (4\text{-}12)$$

式中,R_n 为净辐射,W/m^2;G 为土壤热通量,W/m^2;ρ_a 为空气密度;kg/m^3;c_p 为空气的定压比热,$J/(kg \cdot ℃)$;γ 为湿度计常数,$kPa/℃$;Δ 为温度-饱和水汽压关系曲线的斜率,$kPa/℃$;e_s 和 e_a 分别为饱和水汽压与实际水汽压,kPa;r^* 为气象因子阻力,s/m;r_a 为空气动力学阻力参数,s/m;x 为参考高度(2 m);d 为零面位移高度,m;z_0 为控制动量传递的粗糙长度,m;κ 为 von Karman 常数(0.40);h_c 为平均冠层高度,m。

冠层阻力参数采用 2015 年茶园数据率定,结果如图 4-1 所示,表达式如下:

$$\frac{r_s^c}{r_a} = 0.63 \times \frac{r^*}{r_a} + 2.17 \times \sqrt{\frac{r^*}{r_a}} - 2.17 \qquad R^2 = 0.92 \qquad (4\text{-}13)$$

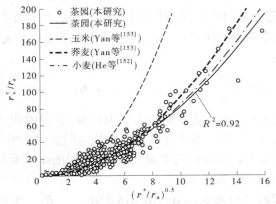

图 4-1　冠层阻力参数的率定(茶园)

以往研究表明,Katerji-Perrier 冠层阻力参数子模型中系数 a、b 和 c 的率定结果对不同作物存在差异,即使相同作物在不同的气候条件下也会存在差异[153]。如 Rana 等[83]指出,Katerji-Perrier 冠层阻力参数子模型中参数取决于作物类型、气候条件和土壤水分状态。

4.1.1.2　土壤表面阻力参数的率定

土壤表面阻力参数(r_s^s)的概念是由 Montieth 提出的植被覆盖地表蒸发阻力概念推广

而来的[27]。土壤蒸发阻力包括空气动力学阻力和土壤表面阻力,空气动力学阻力参数变化范围通常为 10~100 s/m,而土壤表面阻力参数在地表从湿润到风干时可以从 10~100 s/m 变化到 1 000~10 000 s/m,因此土壤蒸发的计算对土壤表面阻力变化更为敏感[154]。Ortega-Farias 等[134]和 Zhao 等[135]得出葡萄园 r_s^s 与土壤饱和含水量和实际含水量的比值(θ_{sat}/θ_s)呈指数变化规律,但在不同土壤质地条件下,指数函数关系中系数不同[135]。

本研究缺少茶园土壤蒸发实测数据,因此选用与研究区域相同土壤类型(黏质土)得出 r_s^s 子模型,表达式如下[134]:

$$r_s^s = 19 \left(\frac{\theta_{sat}}{\theta_s} \right)^{3.5} \tag{4-14}$$

SW 双源模型中冠层高度与参考高度之间的空气动力学阻力参数(r_a^a,s/m)、地面与冠层高度的空气动力学阻力参数(r_a^s,s/m)和冠层边界阻力参数(r_a^c,s/m)等的确定过程见 Huang 等[36]。

4.1.2　Shuttleworth-Wallace 双源模型参数在冬小麦和温室黄瓜生育期的率定

4.1.2.1　作物株高和叶面积指数

温室黄瓜生育期内 LAI 和 h 的演变规律如图 4-2 所示。对于春夏季种植黄瓜,LAI 在移栽后约 50 d(DAT=50)达到最大值 4.67,h 达到最大值 1.86 m;对于秋冬季种植黄瓜,LAI 和 h 在移栽后约 47 d(DAT=47)分别达到最大值 3.56 和 1.87 m。在黄瓜生长中后期,通过落蔓等技术 h 保持在 1.8 m 左右。冬小麦叶面积指数 LAI 和株高 h 随播种后天数的变化特征见图 4-2。

4.1.2.2　冠层阻力参数的率定

将冬小麦生育期内 λET 实测值代入 PM 模型得出对应的 r_s^c 值。在对冬小麦冠层阻力参数化过程中,通过数据分析同样发现,冠层阻力和空气动力学阻力的比值(r_s^c/r_a)与气象因子阻力和空气动力学阻力的比值(r^*/r_a)呈二次函数关系的相关性较线性关系更高,如图 4-3 和表 4-1 所示:

$$\frac{r_s^c}{r_a} = 0.72 \times \frac{r^*}{r_a} + 2.02 \times \sqrt{\frac{r^*}{r_a}} - 3.50 \qquad R^2 = 0.98 \tag{4-15}$$

考虑到温室内低风速对空气动力学阻力参数的影响,温室内黄瓜作物冠层阻力采用黄瓜叶片气孔阻力参数(r_s)计算。本研究对 r_s 实测值与温室内主要气象因子的相关性分析结果显示,太阳辐射(SR)是影响 r_s 的主要气象因子,如图 4-4 所示两者呈指数函数关系,不同种植季节的相关关系式如下:

春夏季　　　　$r_s = 224.4 + 1\,485.9\exp(-0.018\,5SR)$　　　$R^2 = 0.79$　　　(4-16)

秋冬季　　　　$r_s = 144.3 + 1\,440.4\exp(-0.012\,4SR)$　　　$R^2 = 0.74$　　　(4-17)

两个种植季节黄瓜气孔阻力实测值与模拟值的 RMSE 分别为 158.24 s/m 和 160.41 s/m。本研究的拟合结果与 Yang 等[109]对美国东部地区温室黄瓜的研究结果类似,但关系式中系数有所差别,可能是不同地区气候条件和温室种植管理方式的差异造成的。

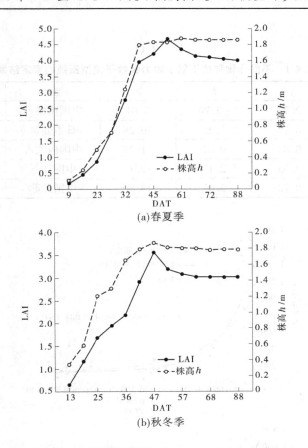

(a)春夏季

(b)秋冬季

图 4-2　温室黄瓜叶面积指数(LAI) 和株高(h) 随移栽后天数(DAT) 的变化

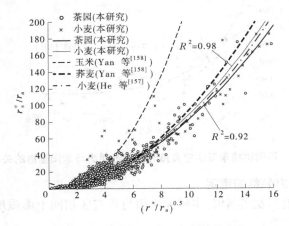

图 4-3　冬小麦冠层阻力参数的率定

温室黄瓜冠层阻力参数 r_s^c 可通过黄瓜叶片气孔阻力参数 r_s 与有效叶面积指数（ LAI_e ）的比值模拟[132]：

$$r_s^c = \frac{r_s}{\text{LAI}_e} \qquad\qquad (4\text{-}18)$$

表 4-1　不同作物种植下冠层阻力参数子模型系数的率定结果

作物	a	b	c	地区	参考文献
玉米	2.74	−5.90	7.04	中国内蒙古	Yan 等[158]
荞麦	0.73	1.25	□0.28	日本爱媛	Yan 等[158]
小麦	0.88	0.82	□1.95	中国内蒙古	He 等[157]
茶树	0.63	2.17	−2.17	中国江苏	本研究
冬小麦	0.72	2.02	−3.50	中国江苏	本研究

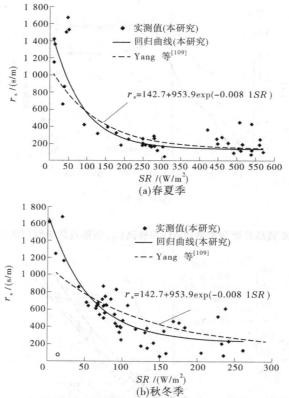

图 4-4　不同种植季节温室黄瓜叶片气孔阻力与太阳辐射的关系

4.1.2.3　土壤表面阻力参数的率定

因缺乏冬小麦土壤蒸发实测值,本研究采用与研究区相同土壤质地(黏质土)得出的 r_s^s 子模型,表达式如下[134]:

$$r_s^s = 19\left(\frac{\theta_{\text{sat}}}{\theta_s}\right)^{3.5} \qquad\qquad (4\text{-}19)$$

温室内土壤表面阻力参数 r_s^s 采用试验实测土壤蒸发(E_g)和土壤表面温度(T_s)值进行计算:

$$r_s^s = \frac{\rho c_p (e_w T_s - e_s)}{\gamma E_g} \tag{4-20}$$

r_s^s 与土壤饱和含水量和实际含水量的比值(θ_{sat}/θ_s)的关系如图 4-5 所示。结果表明，本研究温室内 r_s^s 值介于 Ortega-Farias 等[134] 在智利葡萄园和 Zhu 等[127] 在中国西北地区春玉米地所得的 r_s^s 值之间，子模型如下：

$$r_s^s = 70.1 \left(\frac{\theta_{sat}}{\theta_s}\right)^{2.3} \qquad R^2 = 0.62 \tag{4-21}$$

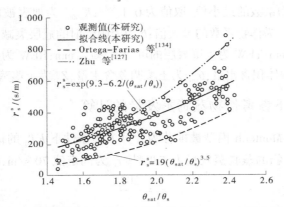

图 4-5　土壤表面蒸发阻力和土壤水分条件(θ_{sat}/θ_s)的关系曲线

4.2　修正的双作物系数(RDCC)模型

双作物系数法是由 Allen 等[101] 提出的，可以分别估算作物植株蒸腾(T_r)和土壤蒸发(E_g)。降雨或灌溉后土壤表面湿润且作物较小或种植比较稀疏状态下，土壤蒸发占比很大，此时，要准确估算作物蒸腾蒸发量需单独考虑土壤蒸发的影响[130]。

$$ET_c = K_c \times ET_0 = (K_{cb} + K_e) \times ET_0 \tag{4-22}$$

$$ET_0 = \frac{0.408\Delta(R_n - G) + \gamma \dfrac{900}{T_a + 273} u(e_s - e_a)}{\Delta + \gamma(1 + 0.34u)} \tag{4-23}$$

式中，ET_0 为参考作物蒸散量，mm/d；Δ 为饱和水汽压-温度曲线斜率，kPa/℃；T_a 为平均气温，℃；e_s 和 e_a 分别为饱和水汽压与实际水汽压，kPa；u 为平均风速，m/s。

本研究基于实测叶面积指数(LAI)动态估算双作物系数模型中参数 K_{cb}，利用 LAI 修正 K_e，进而对双作物系数法进行改进，改进后模型称为修正的双作物系数(Revised Dual Crop Coefficient, RDCC)模型[138]，表达式如下所示：

$$K_{cb} = K_{cmin} + (K_{cbfull} - K_{cmin}) \times K_{cc} \tag{4-24}$$

$$K_{cbfull} = \min(1.0 + 0.1h, 1.2) + [0.04(u_2 - 2) - 0.004(RH_{min} - 45)]\left(\frac{h}{3}\right)^{0.3} \tag{4-25}$$

$$K_{cc} = 1 - \exp(-k \times LAI) \tag{4-26}$$

K_e 可表示为

$$K_e = K_r(K_{cmax} - K_{cb}) \leqslant f_{ew}K_{cmax} \tag{4-27}$$

$$K_{cmax} = \max\left(\left\{1.2 + \left[0.04(u - 2) - 0.004(RH_{min} - 45)\right]\left(\frac{h}{3}\right)^{0.3}\right\}, \{K_{cb} + 0.05\}\right) \tag{4-28}$$

$$K_r = \frac{TEW - D_e}{TEW - REW} = \frac{1\,000(\theta_s - 0.5\theta_{wp})Z_e}{TEW - REW} \tag{4-29}$$

式中,K_{cmin} 为裸土作物系数的最小值,取值为 0.1[138];K_{cbfull} 为地表被作物完全覆盖时的最大基础作物系数;K_{cmax} 为作物系数的最大值;k 为太阳辐射的冠层衰减系数,取值为 0.7[42];D_e 为累计蒸发深度,mm;TEW 为土壤表层的可蒸发深度,mm;REW 为土壤表面易蒸发的水量,mm;θ_s 为实际土壤体积含水量;θ_{wp} 为土壤凋萎含水量;Z_e 为土壤蒸发层深度,m。

4.2.1　温室环境下参考作物蒸腾蒸发量的计算

FAO-56 Penman-Monteith 模型被推荐为计算大田条件下 ET_0 的标准方法[111],通过假想一种特定的参考作物的蒸腾蒸发量为 ET_0,其 r_c 为固定值 70 s/m,r_a 计算方法简化为

$$r_a = \frac{208}{u} \tag{4-30}$$

在封闭或半封闭的温室环境下,风速往往小于 FAO-56 PM 公式中对 $u \geqslant 0.5$ m/s 的要求,出现高估温室内 r_a 的情况。因此,大田环境下广泛应用的 FAO-56 PM 方法不适用于温室低风速环境。计算温室内 ET_0 时,较为合理的方法之一是以 PM 模型为基础,对 FAO-56 PM 公式中隐含的 r_a 进行修正。相对于大田环境,温室内风速变化较稳定,Fernández 等[112-113]在地中海地区温室种植绿草,研究得出 r_a 取固定值 295 s/m 时 PM 模型可准确估算温室内 ET_0,其计算公式为

$$ET_0 = \frac{0.408\Delta(R_n - G) + \gamma\dfrac{628(e_s - e_a)}{T + 273}}{\Delta + 1.24\gamma} \tag{4-31}$$

式中,ET_0 为参考作物蒸腾蒸发量,mm/d;Δ 为饱和水汽压曲线斜率,kPa/℃;R_n 为净辐射,MJ/(m²·d);G 为土壤热通量,MJ/(m²·d);e_s 为饱和水汽压,kPa;e_a 为实际水汽压,kPa;γ 为湿度计常数,其值为 0.067 kPa/℃。

本章将采用式(4-31)计算 ET_0 的方法记为 PM-r_c^c 法。Fernández 等提出计算地中海 ET_0 的方法,在其他地区气候条件下的适用性并未得到验证。计算温室内 ET_0 时,王健等[104]建议采用 Thom 等提出的模型来计算温室低风速环境下 r_a,该模型表达式为

$$r_a = 4.72\left[\ln\left(\frac{2 - d}{Z_0}\right)\right]^2 / (1 + 0.54u) \tag{4-32}$$

式中,d 为零面位移高度,m;Z_0 为粗糙长度,m。

Allen 等[101]指出参考作物高度 $h_0 = 0.12$ m 且 $d = 0.67h_0$,$Z_0 = 0.123h_0$。将式(4-32)模型代入 PM 模型,即可得到温室内 ET_0 计算方法,其表达式为

$$ET_0 = \frac{0.408\Delta(R_n - G) + \gamma \dfrac{1\,658(e_s - e_a)}{T + 273}}{\Delta + 1.63\gamma} \tag{4-33}$$

将采用式(4-33)计算 ET_0 的方法记为 PM-r_a^T 法,式中各变量含义同前。

鉴于目前温室环境下仍没有标准的 ET_0 计算方法,本章分别采用 Fernández 等[112-113] 和王健等[104] 提出的方法计算温室内 ET_0,比较两种方法的差异,并基于实测温室黄瓜 ET_c 和两种 ET_0 计算方法确定温室黄瓜 K_c 值。

4.2.2　基础作物系数(K_{cb})的确定

基于微气象数据和作物因素动态模拟 K_{cb},表达式为[104]

$$K_{cb} = K_{cb(Tab)} + \left[0.04(u_2 - 2) - 0.004(RH_{min} - 45)\right]\left(\frac{h}{3}\right)^{0.3} \tag{4-34}$$

式中: $K_{cb(Tab)}$ 为 FAO-56 推荐的基础作物系数; u_2 为 2.0 m 高度的日平均风速,m/s; h 为作物平均株高; RH_{min} 为日最小相对湿度平均值(%)。

为了准确计算温室黄瓜植株 T_r 的日动态变化,引入冠层覆盖系数(K_{cc})来动态模拟 K_{cb}[138],计算公式如下

$$K_{cb} = K_{cmin} + K_{cc}(K_{cbfull} - K_{cmin}) \tag{4-35}$$

式中: K_{cmin} 为裸土作物系数的最小值,取 $K_{cmin} = 0.1$[138]; K_{cbfull} 为地表被作物完全覆盖时最大基础作物系数。

$$K_{cbfull} = \min(1.0 + 0.1h, 1.2) + \left[0.04(u_2 - 2) - 0.004(RH_{min} - 45)\right]\left(\frac{h}{3}\right)^{0.3} \tag{4-36}$$

$$K_{cc} = 1 - \exp(-k \times LAI) \tag{4-37}$$

式中: K_{cc} 为冠层覆盖度系数; k 为太阳辐射冠层衰减系数,取 $k = 0.7$[157]。

4.2.3　土壤蒸发系数(K_e)的确定

FAO-56 推荐 K_{e0} 表达式为[157]

$$K_{e0} = K_r(K_{cmax} - K_{cb}) \leqslant f_{ew}K_{cmax} \tag{4-38}$$

式中: K_{e0} 为 FAO-56 推荐计算的土壤蒸发系数; K_{cmax} 为降雨或灌溉后 K_c 最大值; K_r 为取决于表层水分消耗(或蒸发)累计深度的蒸发减小系数; f_{ew} 为裸露和湿润土壤的比值。

考虑覆膜对土壤蒸发的影响,引入地面覆盖率(f_m)对 FAO-56 推荐 K_{e0} 进行修正[173],修正后 K_e 的表达式为

$$K_e = (1 - f_m) \times K_{e0} \tag{4-39}$$

式中: f_m 为地膜覆盖面积与温室土槽面积的比值,取 $f_m = 0.87$。

蒸发减小系数 K_r 的表达式为[138]

$$K_r = \frac{TEW - D_e}{TEW - REW} = \frac{1\,000(SWC - 0.5\theta_{wp})Z_e}{TEW - REW} \tag{4-40}$$

式中:D_e 为累计蒸发深度,mm;TEW 为土壤表层的可蒸发深度,mm;REW 为土壤表面易蒸发的水量,mm,本研究中土壤类型为沙壤土,0. 10 m 深的表层土壤的 TEW 与 REW 分别为 20 mm 和 8 mm;SWC 为土壤体积含水量;θ_{wp} 为土壤凋萎含水量,取 $\theta_{wp}=0.16$ cm^3/cm^3;Z_e 为土壤蒸发层深度,取 $Z_e=0.1$ m。

K_{cmax} 的表达式为[174]

$$K_{cmax} = \max\left(\left\{1.2 + \left[0.04(u_2 - 2) - 0.004(RH_{min} - 45)\right]\left(\frac{h}{3}\right)^{0.3}\right\}, \{K_{cb} + 0.05\}\right)$$

(4-41)

f_{ew} 的计算公式为[173]

$$f_{ew} = \min(1 - f_c, f_w)$$

(4-42)

式中:$1-f_c$ 为裸露土壤的平均值;f_w 为灌水湿润的土壤表面平均值。

本研究基于 LAI 动态模拟 f_c 的计算公式为[173]

$$f_c = 1.005[1 - \exp(-0.6LAI)]^{1.2}$$

(4-43)

4.2.4　茶树基础作物系数及土壤蒸发系数的确定

基于茶树冠层覆盖度计算 RDCC 模型中基础作物系数($K_{cb-cal-T}$)、FAO-56 推荐茶树基础作物系数值($K_{cb-FAO-T}$)和土壤蒸发系数(K_{e-T})的动态变化如图 4-6 所示。$K_{cb-FAO-T}$ 在茶树生长初期(2015 年)和中期(2016~2018 年)分别为 0. 90 和 0. 95,$K_{cb-cal-T}$ 非常接近但稍低于 FAO-56 推荐值,$K_{cb-cal-T}$ 在两个生育期分别为 0. 85 和 0. 92。Allen 等[140]在 1998 年指出基础作物系数与作物品种、当地气候条件及种植方式有关,但根据当地实际情况计算的 K_{cb} 与推荐值之间的误差应小于 0. 20。K_{e-T} 在茶树生长初期(2015 年)的平均值为 0. 32,生长中期(2016~2018 年)为 0. 25。如图 4-6 所示,在 2016 年 DOY(days of the year)为 240~260 d 和 2018 年 DOY 为 275~285 d 时,K_{e-T} 接近于 0,原因可能是以上时段内土壤表层体积含水量较低,平均值分别为 0. 04 cm^3/cm^3 和 0. 07 cm^3/cm^3。

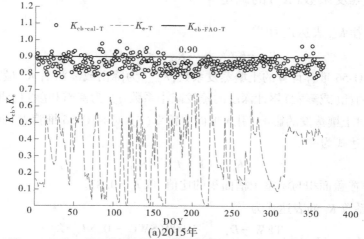

(a)2015年

图 4-6　RDCC 模型中茶树基础作物系数和土壤蒸发系数的变化规律

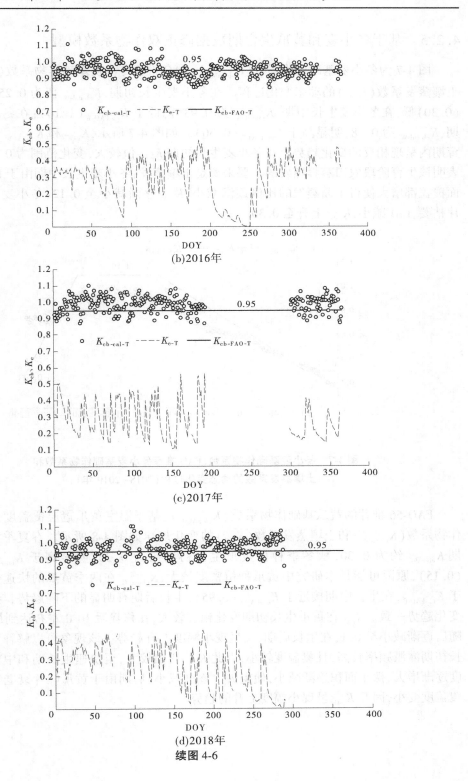

(b)2016年

(c)2017年

(d)2018年

续图 4-6

4.2.5　基于冬小麦和黄瓜生育期数据修正双作物系数模型

图 4-7 为冬小麦基础作物系数（$K_{cb\text{-}cal\text{-}W}$）、FAO 推荐冬小麦基础作物系数（$K_{cb\text{-}FAO\text{-}W}$）和土壤蒸发系数（$K_{e\text{-}W}$）的动态变化过程。在冬小麦生长初期，$K_{cb\text{-}cal\text{-}W}$ 值为 0.25，比 $K_{cb\text{-}FAO\text{-}W}$（0.30）低；在冬小麦生长中期，$K_{cb\text{-}cal\text{-}W}$ 为 0.93，仍低于 $K_{cb\text{-}FAO\text{-}W}$（1.10）；在冬小麦生长后期，$K_{cb\text{-}cal\text{-}W}$ 为 0.78，明显高于 $K_{cb\text{-}FAO\text{-}W}$（0.30）。如图 4-7 所示，$K_{e\text{-}W}$ 和 $K_{cb\text{-}cal\text{-}W}$ 在冬小麦生育期内呈现相反的变化趋势。在冬小麦生长初期 $K_{e\text{-}W}$ 值较大，变化范围为 0.72 ~ 1.03，表明该生育阶段农田蒸腾蒸发的主要来源是土壤蒸发；冬小麦生长中期由于 LAI 变大，地面覆盖都增大使得土面蒸发的比例逐渐减小，$K_{e\text{-}W}$ 逐渐减小至 0.12；冬小麦生长后期叶片枯萎，LAI 减小，$K_{e\text{-}W}$ 上升至 0.30。

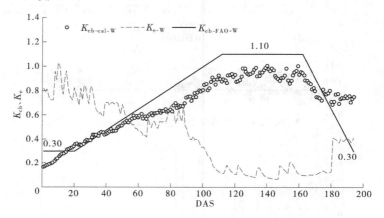

图 4-7　冬小麦基础作物系数、FAO 推荐冬小麦基础作物系数和
土壤蒸发系数的动态变化过程(2018~2019 年)

FAO-56 推荐的黄瓜基础作物系数（$K_{cb\text{-}FAO\text{-}C}$）、基于温室黄瓜冠层覆盖度计算的基础作物系数（$K_{cb\text{-}cal\text{-}C}$）和土壤蒸发系数（$K_{e\text{-}C}$）的变化规律如图 4-8 所示。春夏季黄瓜生长初期 $K_{cb\text{-}cal\text{-}C}$ 约为 0.30，秋冬季种植黄瓜生长初期约为 0.35，明显高于 $K_{cb\text{-}FAO\text{-}C}$ 推荐值（0.15），原因可能是本研究中黄瓜种植密度较大；$K_{cb\text{-}cal\text{-}C}$ 在两季黄瓜的快速生长期均大于 $K_{cb\text{-}FAO\text{-}C}$，在生长中期接近于 $K_{cb\text{-}FAO\text{-}C}$（0.95），生长后期有明显的下降趋势，与 $K_{cb\text{-}FAO\text{-}C}$ 的变化趋势一致。$K_{e\text{-}C}$ 在黄瓜生长初期变化幅度较大，在移栽后 10 d 左右达到最大值 1.1，随后逐渐减小至 0.1，在生长后期，又呈现小幅度上升趋势。该现象可以解释为在黄瓜生长初期灌溉频率较高，且覆盖度较小，因此 $K_{e\text{-}C}$ 变幅较大，至快速生长期和中期地面覆盖度逐渐增大，裸土面积逐渐减小，使得 $K_{e\text{-}C}$ 逐渐减小，后期由于黄瓜叶片衰老等因素使得覆盖度变小，因此 $K_{e\text{-}C}$ 呈现小幅度上升的趋势。

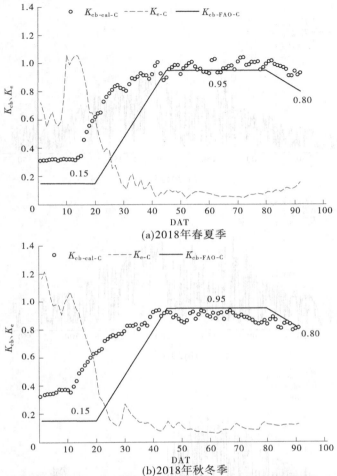

(a)2018年春夏季

(b)2018年秋冬季

图 4-8　不同种植季节温室黄瓜的 FAO-56 推荐的基础作物
系数、基础作物系数和土壤蒸发系数的变化

4.3　Shuttleworth-Wallace 双源模型和 RDCC 模型的精度验证与比较

4.3.1　Shuttleworth-Wallace 双源模型和 RDCC 模型估算茶园 ET_c 精度分析

分析比较 SW 双源模型和 RDCC 模型的估算精度及适用性,对于用户根据不同气候类型、作物种类及可利用数据进行模型选择具有指导意义。如图 4-9 所示,SW 双源模型和 RDCC 模型估算的 ET_c 值与茶园实测值的变化趋势基本一致,但 RDCC 模型严重高估了茶园 ET_c,SW 双源模型估算值与实测值较接近。在茶树生长初期和中期,实测 ET_c 的平均值为 2.12 mm/d,SW 双源模型和 RDCC 模型估算 ET_c 的平均值分别为 2.28 mm/d 和 2.91 mm/d。图 4-10 为 SW 双源模型和 RDCC 模型估算茶树不同生长季节的 ET_c 值与

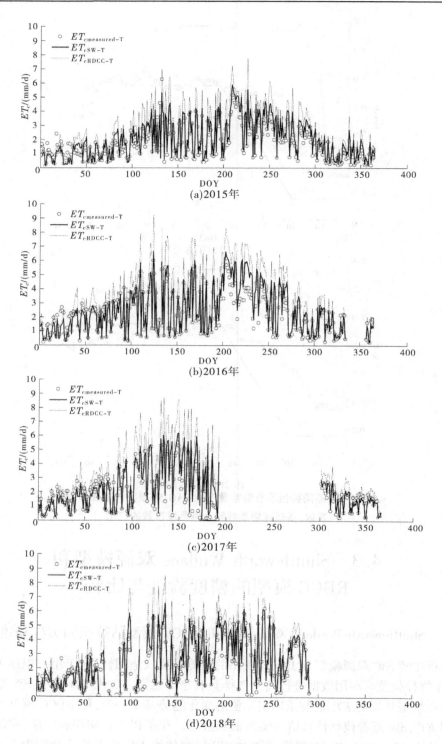

图 4-9　茶园 ET_c 实测值与双源模型估算值的日变化规律比较（2015~2018 年）

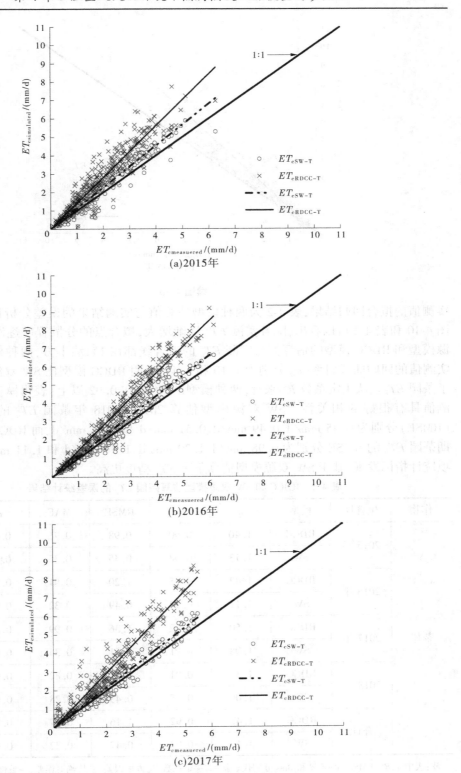

(a)2015年

(b)2016年

(c)2017年

图 4-10　茶园 ET_c 实测值与不同模型估算值的回归分析

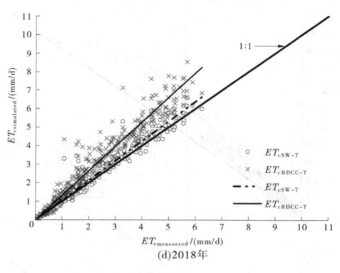

(d)2018年

续图 4-10

实测值的拟合回归结果,表 4-2 为两种模型估算值与实测结果的误差分析计算结果。从图 4-10 和表 4-2 可以看出,随着实测 ET_c 逐渐增大,拟合点的分散程度逐渐增大,SW 双源模型和 RDCC 模型的估算值与实测 ET_c 的拟合线都在 1:1 线上方,两种模型估算值与实测值的回归曲线斜率(a)分别为 1.10 和 1.41,表明 RDCC 模型比 SW 双源模型更高估了茶园 ET_c。从决定系数 R^2 来看,两种模型的 R^2 均在 0.92 以上,表明模型估算值与实测值具有很好的相关性。SW 双源模型估算 2015 ~ 2018 年茶园 ET_c 的均方根误差(RMSE)分别为 0.45 mm/d、0.49 mm/d、0.51 mm/d 和 0.43 mm/d,而 RDCC 模型估算同期茶园 ET_c 的 RMSE 分别为 0.98 mm/d、1.20 mm/d、1.36 mm/d 和 1.11 mm/d。综合各项统计指标发现,基于 SW 双源模型估算茶园 ET_c 精度更高。

表 4-2　RDCC 和 SW 双源模型估算茶园 ET_c 的误差统计结果

作物	生育期	模型	a	R^2	RMSE	MAE	d	Bias
茶树	2015 年	RDCC	1.40	0.90	0.98	0.76	0.88	0.41
		SW	1.13	0.93	0.45	0.35	0.97	0.14
	2016 年	RDCC	1.42	0.95	1.20	0.91	0.89	0.39
		SW	1.11	0.94	0.49	0.32	0.97	0.08
	2017 年	RDCC	1.50	0.92	1.36	0.99	0.86	0.49
		SW	1.08	0.91	0.51	0.34	0.97	0.07
	2018 年	RDCC	1.31	0.91	1.11	0.82	0.91	0.33
		SW	1.06	0.95	0.43	0.28	0.98	0.07
	合计	RDCC	1.41	0.92	1.16	0.87	0.89	0.41
		SW	1.10	0.93	0.47	0.32	0.97	0.09

注:表中 a、R^2、RMSE、MAE、d 和 Bias 分别代表斜率、决定系数、均方根误差、平均绝对误差、一致性指数和偏差。

4.3.2 Shuttleworth-Wallace 双源模型和 RDCC 模型估算冬小麦和黄瓜 ET_c 精度分析

　　SW 双源模型和 RDCC 模型估算冬小麦和黄瓜 ET_c 与实测值的对比分析结果如图 4-11 所示。SW 双源模型和 RDCC 模型的估算值与实测 ET_c 变化趋势基本一致。在冬小麦整个生育期内,实测 ET_c 的变化范围为 0.09 ~ 4.72 mm/d,平均值为 1.52 mm/d,SW 双源模型和 RDCC 模型估算的 ET_c 平均值分别为 1.52 mm/d 和 1.58 mm/d。在春夏季和秋冬季种植黄瓜整个生育期内,实测 ET_c 的平均值分别为 2.32 mm/d 和 1.27 mm/d,SW 双源模型估算的 ET_c 平均值分别为 2.14 mm/d 和 1.09 mm/d,RDCC 模型估算的 ET_c 平均值分别为 2.04 mm/d 和 1.11 mm/d。

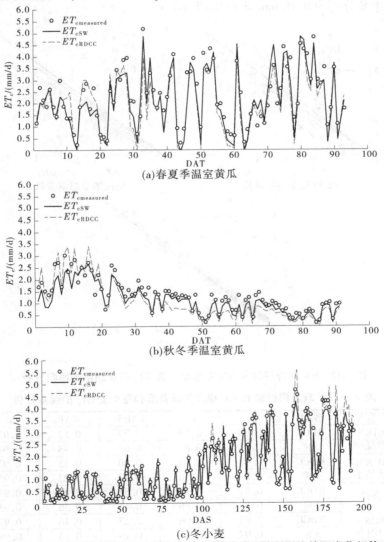

(a)春夏季温室黄瓜

(b)秋冬季温室黄瓜

(c)冬小麦

图 4-11　SW 双源模型和 RDCC 模型估算 ET_c 值与实测值的日变化规律

图 4-12 为 SW 双源模型和 RDCC 模型估算冬小麦和黄瓜 ET_c 与实测值的回归分析结果,表 4-3 为两种模型估算值与实测值的误差分析统计结果。结果显示,SW 双源模型和 RDCC 模型均可以准确地模拟冬小麦和黄瓜 ET_c。对于温室黄瓜,两种模型估算值与实测值的一致性指数(d)分别为 0.95 和 0.93,决定系数(R^2)分别为 0.86 和 0.78,但 SW 双源模型的估算值比 RDCC 模型估算值更接近 ET_c 实测值,均方根误差(RMSE)分别为 0.45 mm/d 和 0.57 mm/d。对比黄瓜两个种植季节模拟结果可以发现,SW 双源模型估算秋冬季 ET_c 比估算春夏季精度高,RMSE 分别为 0.29 mm/d 和 0.61 mm/d,RDCC 模型也出现同样的规律,RMSE 分别为 0.40 mm/d 和 0.73 mm/d。对于冬小麦,SW 双源模型和 RDCC 模型估算值均非常接近实测 ET_c 值,两种模型估算值与实测值的 d 均为 0.99,R^2 分别为 0.97 和 0.96,但 SW 双源模型的估算值比 RDCC 模型的估算值更接近冬小麦 ET_c 的实测值,RMSE 分别为 0.19 mm/d 和 0.27 mm/d。

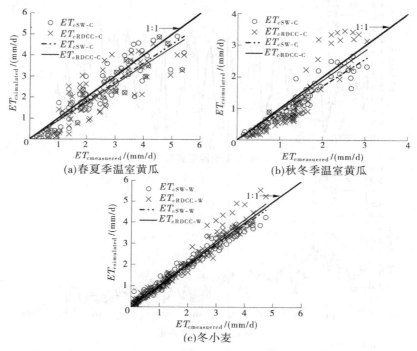

图 4-12　SW 双源模型和 RDCC 模型估算 ET_c 与实测值的回归分析

表 4-3　SW 双源模型和 RDCC 模型估算黄瓜和冬小麦 ET_c 的误差分析

作物	生育期	模型	a	R^2	RMSE	MAE	d	Bias
黄瓜	2018 年春夏季	RDCC	0.88	0.75	0.73	0.58	0.92	−0.13
		SW	0.91	0.82	0.61	0.48	0.94	−0.10
	2018 年秋冬季	RDCC	0.90	0.81	0.40	0.35	0.93	−0.17
		SW	0.86	0.90	0.29	0.23	0.95	−0.14
	合计	RDCC	0.89	0.78	0.57	0.47	0.93	−0.15
		SW	0.89	0.86	0.45	0.36	0.95	−0.12
冬小麦	2018～2019 年	RDCC	1.04	0.96	0.27	0.16	0.99	0.04
		SW	0.97	0.97	0.19	0.13	0.99	−0.01

注:表中 a、R^2、RMSE、MAE、d 和 Bias 分别代表斜率、决定系数、均方根误差、平均绝对误差、一致性指数和偏差。

4.4 Shuttleworth-Wallace 双源模型和
RDCC 模型的适用性及误差成因分析

通过观测茶树不同生长期微气象数据、土壤含水量和生长状况及耗水规律等数据,分别确定了茶树种植条件下 SW 双源模型和 RDCC 模型中阻力参数和作物系数等,应用参数化后的 SW 双源模型和 RDCC 模型模拟茶园 ET_c,结果显示,RDCC 模型严重高估了茶园 ET_c,而 SW 双源模型估算值与实测值较接近。为了验证上述结论,应用以上模型估算黄瓜和冬小麦生育期 ET_c,结果显示,SW 双源模型和 RDCC 模型均可以准确地模拟温室黄瓜和冬小麦 ET_c,但 SW 双源模型较 RDCC 模型模拟精度更高。结果表明,参数化后的 SW 双源模型均适用于模拟苏南地区三种不同作物 ET_c,而 RDCC 模型模拟茶园 ET_c 时误差较大,其误差原因及适用性仍需进一步探讨。

对于 SW 双源模型,贾红[155]对模型中五个阻力参数 ($r_a^a, r_a^s, r_a^c, r_s^c, r_s^s$) 在江西和南京两地水稻田进行敏感性分析,结果显示模型对冠层阻力参数 (r_s^c) 和土壤表面阻力参数 (r_s^s) 最为敏感。贾红等[156]在估算玉米作物 ET_c 时进行敏感性分析,得出同样的结论。李璐等[51]对 SW 模型中参数在估算黄河中下游冬小麦 ET_c 时的敏感性进行分析,得出 SW 双源模型对 r_s^c 最为敏感,r_s^s 次之。本研究中,基于 PM 模型反算得出茶园和冬小麦 r_s^c 值,获得与气象因子二次函数关系的拟合模型 ($R^2 > 0.92$);对于温室黄瓜,基于气孔阻力实测值和土壤蒸发实测值较好地模拟了 r_s^c 和 r_s^s ($R^2 > 0.62$)。因此,对 r_s^c 和 r_s^s 阻力参数的准确率定是 SW 双源模型估算不同作物 ET_c 精度较高的主要原因[51,155-156]。

作物系数是影响 FAO-56 推荐的双作物系数模型准确性的最主要因素[42,101]。由于作物系数受土壤特性、气候条件、作物栽培管理方式和生长状况等诸多因素影响,需利用当地实测数据对作物系数进行修正或重新计算[157]。本研究基于作物 LAI 动态估算模型中基础作物系数,利用 LAI 修正土壤蒸发系数,进而对 FAO-56 双作物系数法进行修正。因此,LAI 的准确性是决定修正的双作物系数 (RDCC) 模型精确度的主要因素之一。本研究实测和模拟了温室黄瓜和冬小麦在不同生育阶段的动态 LAI,而茶树生育期内 LAI 变化虽然较小,但不同季节茶树新旧叶片的生长状况存在较大差异,导致茶树蒸腾、光合作用等生理特性的不同,这可能是 RDCC 模型估算茶园 ET_c 精度较低的原因之一。

4.5 小 结

本章以苏南地区大田茶树、冬小麦及温室黄瓜为研究对象,基于田间实测数据分别对 SW 双源模型和双作物系数模型中的阻力参数和作物系数进行率定和修正;评价 SW 双源模型和修正的双作物系数 (RDCC) 模型估算茶园 ET_c 的准确性;基于黄瓜和冬小麦田间实测数据对两种模型及参数的适用性进行验证,并对模型在不同种植环境下估算误差的成因进行分析。得到以下主要结论:

(1) 基于茶园 λET 实测值,确定 SW 双源模型中冠层阻力参数,通过气象因子和空气动力学阻力参数构建冠层阻力参数的非线性模型;采用冠层覆盖度系数计算茶树的基础作物系数,茶树生长初期(2015 年)和中期(2016~2018 年)的基础作物系数分别为 0.85 和 0.92。

(2)验证采用气象因子和空气动力学阻力参数确定的冠层阻力参数在小麦地的适用性并对参数进行率定;基于太阳辐射与黄瓜叶片气孔阻力参数的指数函数关系($R^2 >$ 0.74),应用黄瓜 LAI 进行尺度变换确定黄瓜冠层阻力参数;通过土壤表面阻力与土壤饱和含水量和实际含水量比值的指数函数关系($R^2 = 0.62$)确定 SW 双源模型中土面蒸发阻力参数;采用冠层覆盖度系数计算 RDCC 模型中基础作物系数,得出黄瓜生长初期基础作物系数值为 0.32,生长中期稳定在 0.95,后期降至 0.80,冬小麦生长初期基础作物系数为 0.25,生长中期为 0.93,生长后期为 0.78。

(3)RDCC 模型严重高估了茶园 ET_c,RMSE 和 Bias 平均值分别为 1.16 mm/d 和 0.41;而 SW 双源模型估算茶园 ET_c 的精度较高,RMSE 和 Bias 平均值分别为 0.47 mm/d 和 0.09。将两种模型应用于估算黄瓜和大田冬小麦 ET_c,验证两种模型的精确性与适用性,结果显示,SW 双源模型和 RDCC 模型均可准确模拟黄瓜和冬小麦 ET_c,但与茶园结果相同,SW 双源模型估算的精度更高。SW 双源模型和 RDCC 模型估算黄瓜 ET_c 结果与实测值的 RMSE 分别为 0.45 mm/d 和 0.57 mm/d,Bias 分别为 -0.12 和 -0.15;对于冬小麦,SW 双源模型和 RDCC 模型估算冬小麦 ET_c 结果与实测值的 RMSE 分别为 0.19 mm/d 和 0.27 mm/d,Bias 分别为 -0.01 和 0.04。

(4)SW 双源模型在估算不同作物 ET_c 时精度较高的主要原因是模型中冠层阻力和土壤表面阻力参数均基于实测气象及土壤水分数据的日变化规律进行率定;而 RDCC 模型估算茶园 ET_c 时精度较低的主要原因可能是采用不同生长阶段基础作物系数平均值不能反映全部因素对 ET_c 日变化的影响,关于如何进一步寻找误差成因并改进模型仍需深入研究。

第 5 章　基于冠气温差模拟农田潜热通量

　　冠层温度是反映作物水分状况的重要指标,通过冠层温度可以科学合理地判断作物水分状况,其中冠气温差(T_c-T_a)是广泛应用的重要指标之一[45]。大量研究表明,冠气温差与作物潜热通量之间关系密切,可以通过冠气温差来估算作物潜热通量 λET[47,92-94]。Brown 和 Rosenberg[46]提出用冠气温差估算作物 λET 的 Brown-Rosenberg(B-R)模型已被众多学者进行了验证。王纯枝等[93]使用 B-R 模型对华北平原冬小麦农田 λET 进行了模拟,并以波文比能量平衡观测系统实测值作为标准对模型模拟结果进行了验证,结果表明 B-R 模型适用于估算华北平原冬小麦 λET 值;Nikolaou 等[95]使用 B-R 模型对塞浦路斯南部沿海地区温室黄瓜 λET 进行了模拟,结果表明 B-R 模型能够准确地模拟黄瓜不同生育阶段 λET。综上,基于冠气温差可以较为理想地估算作物 λET,但目前国内相关研究主要以北方干旱地区居多,基于南方相对湿润地区冠气温差验证 B-R 模型的准确性与适用性研究尚不多见。

　　本章以苏南地区冬小麦和夏玉米两种不同类型作物为研究对象,分析冬小麦和夏玉米不同生长阶段冠气温差的日变化特征及与环境因子的定量响应关系,利用基于冠气温差的 B-R 模型模拟苏南地区冬小麦和夏玉米农田 λET,并比较 B-R 模型与 PM 模型在模拟苏南地区冬小麦和夏玉米农田 λET 的精确度及适用性。

5.1　冬小麦冠气温差的变化特征分析与潜热通量的模拟

5.1.1　冬小麦冠气温差的变化特征

　　选取冬小麦生长旺盛阶段六个典型晴天的数据,对冠层温度和冠气温差的日变化特征进行分析,结果如图 5-1 所示。冬小麦冠层温度的日变化特征较为明显,在所选生育期白天均呈先上升后下降的单峰变化趋势,早晨日出后,随着太阳辐射逐渐增强,冬小麦冠层获得的热量不断增加,使得冠层温度逐渐升高,在 14:00 左右达到峰值,之后冠层温度随太阳辐射的减弱而逐渐下降。冬小麦冠气温差同样具有明显的日变化特征,早晨刚日出时,冠气温差为正值,这是因为刚日出时冬小麦蒸腾作用较弱,冠层吸收太阳辐射的热量,冠层温度开始升高,而空气温度的上升速度慢于冠层温度;之后随着太阳辐射不断增强,冬小麦的蒸腾作用逐渐增强,使得冠层温度的增幅逐渐弱于空气温度的增幅,冠气温差逐渐变为负值。2018~2019 季冬小麦在拔节期(2019 年 3 月 31 日)、抽穗期(2019 年 4 月 26 日)和开花期(2019 年 5 月 9 日)的冠层温度分别在 8.1~18.7 ℃、18.6~29.4 ℃ 和 16.5~27.5 ℃ 范围内变化,冠气温差分别在 −3.1~1.2 ℃、−4.6~0.5 ℃ 和 −3.5~1.2 ℃ 范围内变化;2019~2020 季冬小麦在拔节期(2020 年 3 月 24 日)、抽穗期(2020 年 4 月 15 日)和开花期(2020 年 5 月 3 日)的冠层温度分别在 11.2~18.7 ℃、15.7~23.9 ℃ 和

24.3~30.9 ℃范围内变化,冠气温差分别在-3.5~0.5 ℃、-3.7~0.5 ℃和-5.2~1.3 ℃范围内变化。

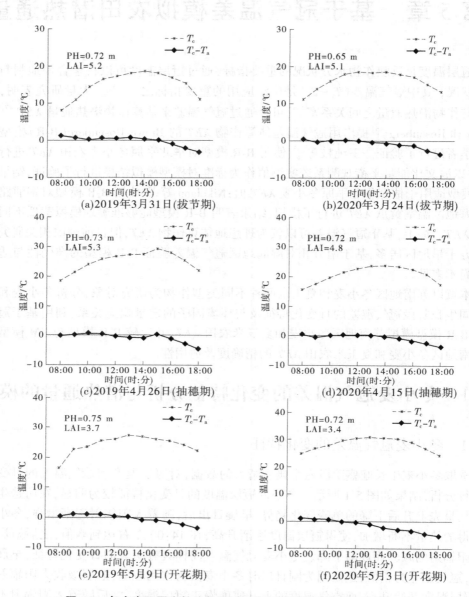

图 5-1　冬小麦不同生长阶段冠层温度和冠气温差的日变化特征

5.1.2　冬小麦冠气温差的影响因素

5.1.2.1　冠气温差与土壤含水量的关系

选取 2018~2019 季冬小麦生长旺盛阶段(拔节—开花期),土壤深度为 5 cm、10 cm、20 cm、50 cm 处的体积含水量及冠气温差数据,对冠气温差与土壤含水量的相关性进行分析,结果如表 5-1 所示。不同深度土壤含水量均与冠气温差有较高的相关性,决定系数 $R^2 > 0.7$,但不同深度土壤含水量与冠气温差的相关性存在轻微差异,表现为深层土壤含水量与冠气温差相关性较表层土壤相关性高,50 cm 深度土壤含水量与冠气温差相关性最高,决定系数 R^2 为 0.871,初步推断深层土壤含水量与冬小麦冠气温差的相关性较表层土壤相关性高的原因可能是深层土壤的含水量变化比较平稳,而浅层土壤受到土壤蒸发、作物根系吸收水分等因素的影响,从而导致浅层土壤的含水量与冠气温差的相关性较差[96]。

表 5-1　冬小麦冠气温差与不同深度土壤含水量的回归关系

土壤深度/cm	回归关系式	R^2
5	$T_c - T_a = -0.039SWC^2 - 0.026SWC - 0.440$	0.712*
10	$T_c - T_a = -0.028SWC^2 - 0.023SWC + 0.318$	0.754*
20	$T_c - T_a = -0.022SWC^2 - 0.046SWC + 0.305$	0.836*
50	$T_c - T_a = -0.012SWC^2 - 0.248SWC + 0.403$	0.871*

注:* 表示置信度水平为 0.05 时,相关性显著。

5.1.2.2　冠气温差与气象因子的相关关系

冠气温差除受土壤水分状况的影响外,还与气象因子紧密相关。选取 2018~2019 季冬小麦生长旺盛阶段(拔节—开花期)气象及冠气温差数据,对冠气温差与气象因子的相关性进行分析,结果如表 5-2 所示。冠气温差与各气象因子间的相关性依次为:空气温度(T_a)>太阳净辐射(R_n)>相对湿度(RH)>风速(u)。

表 5-2　冬小麦冠气温差与气象因子的相关系数

冬小麦生育期	T_a	R_n	RH	u
拔节期	0.836**	0.694**	-0.525*	-0.251
孕穗期	0.772**	0.541**	-0.637*	-0.030
抽穗期	0.825**	0.580**	-0.561*	-0.262
开花期	0.582**	0.411**	-0.492*	-0.317

注:** 表示置信度水平为 0.01 时,相关性显著;* 表示置信度水平为 0.05 时,相关性显著。

冬小麦不同生育期冠气温差与 T_a 和 R_n 均呈显著正相关关系,与 RH 和 u 呈显著负相关,但与 u 的相关性均未达到显著性水平。因此,本研究选取 T_a、R_n 和 RH 建立气象因子与冠气温差间的回归方程,结果如表 5-3 所示。不同生育期所得回归关系 R^2 均相对较高,进一步表明冠气温差与气象因子紧密相关。已有许多研究表明,冠气温差与气象因子之间存在显著的相关性,郑文强等[69]研究表明在充分灌溉条件下,可以使用冠气温差来预测阿克苏地区红枣树水分状况,冠气温差与土壤相对含水量 RSW、R_n 和 RH 间的关系式为

$$T_c - T_a = -9.765RSW + 7.903RH + 0.003R_n \tag{5-1}$$

表 5-3　冬小麦冠气温差与气象因子的回归关系

冬小麦生育期	回归关系式	R^2
拔节期	$T_c-T_a=0.364T_a+0.051R_n+0.026RH-3.228$	0.762
孕穗期	$T_c-T_a=0.326T_a+0.063R_n+0.043RH+1.951$	0.785
抽穗期	$T_c-T_a=0.273T_a+0.131R_n+0.135RH-1.725$	0.704
开花期	$T_c-T_a=0.106T_a+0.852R_n-0.092RH+5.701$	0.575

李泓[97]对马尼拉草冠气温差与气象因子的相关性分析表明,相关性从大到小依次为:$RH>T_a>u>R_n$;邓娟娟[98]对河北保定地区高羊茅草冠气温差与各气象因子的相关关系研究表明,相关性从大到小依次为:$RH>VPD>T_a>u>R_n$。以上结论与本研究结果存在较大差异,其原因可能与研究作物种类不同有关。崔静[99]对北疆地区滴灌冬小麦冠气温差与气象因子的相关性分析表明,相关性从大到小依次为:$T_a>R_n>RH>u$,与本研究结果一致。

5.1.2.3　冠气温差与旗叶净光合速率的关系

选取 GFS-3000 光合仪测定的 2018~2019 季冬小麦抽穗期和开花期 2019 年 4 月 30 日、5 月 6 日和 5 月 7 日旗叶净光合速率(P_n)数据,分析冬小麦冠气温差与旗叶净光合速率间的相关关系。冬小麦冠气温差与旗叶净光合速率的拟合关系如图 5-2 所示,旗叶净光合速率与冠气温差的相关性较高,呈线性负相关关系。

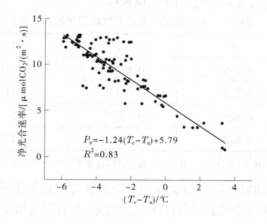

图 5-2　冬小麦冠气温差与旗叶净光合速率的回归关系

5.1.3　基于冠气温差模拟苏南地区冬小麦潜热通量

基于冬小麦冠气温差,使用 B-R 模型模拟冬小麦小时尺度潜热通量,模拟结果与实测值对比如图 5-3 所示,B-R 模型在两季冬小麦试验中均取得了较高的模拟精度,拟合关系斜率均在 1 左右,决定系数 R^2 均大于 0.8。

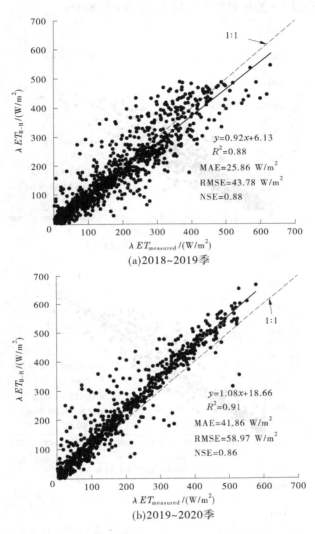

图 5-3　冬小麦潜热通量实测值与 B-R 模型估算值的对比

两季冬小麦 λET 模拟值与实测值拟合曲线的斜率分别为 0.92 和 1.08,截距分别为 6.13 和 18.66,MAE 分别为 25.86 W/m² 和 41.86 W/m²,RMSE 分别为 43.78 W/m² 和 58.97 W/m²,NSE 分别高达 0.88 和 0.86。B-R 模型略微低估了(相对误差为−2.9%) 2018~2019 季冬小麦 λET 值,而高估了(相对误差为 10.6%)2019~2020 季冬小麦 λET 实测值。

为了进一步分析 B-R 模型在模拟苏南地区冬小麦不同生长阶段 λET 的精度,本研究以冬小麦进入拔节期(LAI=3)时作为冠层稀疏与稠密划分临界节点,分析 B-R 模型在分别估算作物稀疏与稠密冠层两个时期 λET 的表现。如图 5-4 所示,两季冬小麦 λET 模拟值在稀疏冠层和稠密冠层下的精度均较高,其中 2018~2019 季冬小麦 λET 模拟值在稀疏冠层和稠密冠层下的相对误差分别为−6.4%和−1.8%,2019~2020 季冬小麦 λET 模拟值在稀疏冠层和稠密冠层下的相对误差分别为 12.5% 和 8.1%。

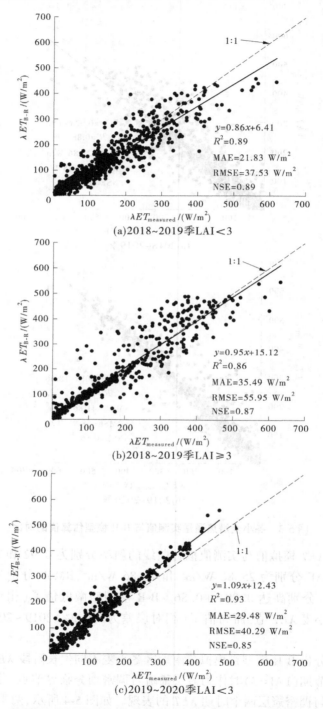

图 5-4　不同冠层覆盖度下冬小麦潜热通量实测值与 B-R 模型估算值对比

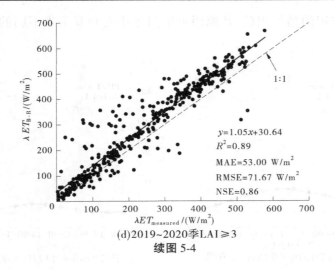

(d)2019~2020季LAI≥3

续图 5-4

5.2　夏玉米冠气温差的变化特征分析与潜热通量的模拟

5.2.1　夏玉米冠气温差的变化特征

选取夏玉米生长旺盛阶段四个典型晴天数据,对冠层温度和冠气温差日变化特征进行分析。如图 5-5 所示,冠层温度日变化特征较为明显,在所选生育期白天均呈先上升后下降的单峰变化趋势,日出后,太阳辐射逐渐增强,冠层获得热量不断增加,冠层温度逐渐升高,13:00 左右达到峰值,之后随太阳辐射的减弱而逐渐下降。冠气温差在生长前期的拔节期变化幅度较大,趋势与冠层温度日变化特征一致,同样在 13:00 左右达到峰值;在生长中期和后期变化幅度较小。夏玉米在拔节期(2020 年 7 月 25 日)、大喇叭口期(2020 年 8 月 17 日)、开花期(2020 年 9 月 4 日)和灌浆期(2020 年 9 月 27 日)的冠层温度分别在 23.8~38.0 ℃、31.8~39.1 ℃、23.9~33.4℃和 20.6~29.4 ℃范围内变化,冠气温差分别在 1.0~7.7 ℃、-1.3~2.9 ℃、-1.4~2.2 ℃和-1.7~2.5 ℃范围内变化。

5.2.2　夏玉米冠气温差的影响因素分析

5.2.2.1　冠气温差与土壤含水量的关系

选取夏玉米生长旺盛阶段(拔节—灌浆期)不同土壤深度(5 cm、10 cm、20 cm、50 cm)体积含水量及冠气温差数据,对冠气温差与土壤含水量的相关性进行回归分析。如表 5-4 所示,不同土壤深度下冠气温差与土壤含水量的相关性均较高,与冬小麦不同的是,夏玉米的冠气温差与表层(5 cm、10 cm)土壤含水量的相关性较深层(20 cm、50 cm)高。王纯枝等[45]对夏玉米主要生育期内冠气温差与土壤含水量的相关性进行了分析,结果表明充分灌溉条件下,0~80 cm 土层深度内随着土壤深度的增加,冠气温差与土壤体积含水量的相关性逐渐降低,60 cm 和 80 cm 深度处的相关系数基本都低于 20 cm 和 40 cm 处的,本研究结果表明夏玉米农田深层土壤的含水量与冠气温差的相关性低于浅层土壤,该结果与冬小麦农田的结果相反,其原因可能与冬小麦和夏玉米不同的根系分布特点有关。

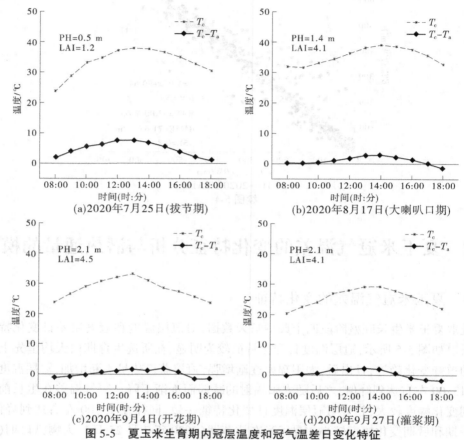

图 5-5　夏玉米生育期内冠层温度和冠气温差日变化特征

表 5-4　夏玉米冠气温差与土壤含水量的回归关系

土壤深度/cm	回归关系式	R^2
5	$T_c-T_a = 0.082SWC^2-1.279SWC+15.210$	0.753*
10	$T_c-T_a = 0.028SWC^2-5.753SWC+6.594$	0.738*
20	$T_c-T_a = 0.056SWC^2-0.465SWC+10.138$	0.526
50	$T_c-T_a = -0.893SWC^2-13.634SWC+31.363$	0.615*

注: * 表示置信度水平为 0.05 时,相关性显著。

5.2.2.2　冠气温差与气象因子的相关关系

选取夏玉米生长旺盛阶段(拔节—灌浆期)气象数据及冠气温差数据,对冠气温差与气象因子的相关性进行分析。如表 5-5 所示,冠气温差与各气象因子间的相关性依次为: $T_a > R_n > RH > u$。本研究选取 T_a、R_n 和 RH,建立气象因子与冠气温差之间的回归方程,如表 5-6 所示,不同生育阶段气象因子与冠气温差回归方程的 R^2 均相对较高,表明冠气温差与 T_a、R_n 和 RH 紧密相关。

表 5-5　夏玉米冠气温差与气象因子的相关性分析

生育期	T_a	R_n	RH	u
拔节期	0.713**	0.634**	-0.605*	-0.402
大喇叭口期	0.852**	0.705**	-0.694*	-0.331
开花期	0.665**	0.454*	-0.491	-0.109
灌浆期	0.573*	0.560**	-0.536*	-0.018

注:** 表示置信度水平为 0.01 时,相关性显著;* 表示置信度水平为 0.05 时,相关性显著。

表 5-6　夏玉米冠气温差与气象因子的回归关系

生育期	回归关系式	R^2
拔节期	$T_c-T_a=0.162T_a+0.072R_n-0.071RH+4.125$	0.632
大喇叭口期	$T_c-T_a=0.360T_a+0.144R_n-0.029RH+11.983$	0.563
开花期	$T_c-T_a=0.619T_a-0.031R_n-0.166RH-6.580$	0.405
灌浆期	$T_c-T_a=0.042T_a+1.036R_n-0.025RH+19.066$	0.511

5.2.3　基于冠气温差模拟苏南地区夏玉米潜热通量

应用 B-R 模型模拟夏玉米小时尺度潜热通量的模拟结果与实测值的对比如图 5-6 所示,λET 模拟值与实测值拟合曲线的斜率为 0.97,截距为 30.37,MAE 为 46.60 W/m²,RMSE 为 62.13 W/m²,NSE 为 0.67。B-R 模型略微低估了夏玉米 λET 值,从截距及各统计指标综合来看,B-R 模型在模拟夏玉米 λET 时的精度较高,可用于估算本研究地区夏玉米的潜热通量。

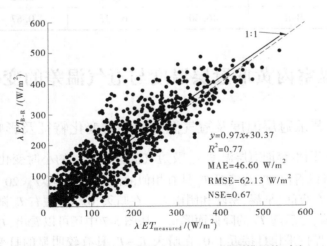

图 5-6　夏玉米潜热通量实测值与 B-R 模型模拟值对比

5.3　Penman-Monteith 模型和 Brown-Rosenberg 模型的精度比较

PM 模型和 B-R 模型模拟冬小麦和夏玉米农田 λET 的精度对比结果分别如表 5-7 和

表 5-8 所示。总体而言,使用 KP 冠层阻力参数子模型结合 PM 模型模拟冬小麦和夏玉米 λET 的精度最高,使用 TD 冠层阻力参数子模型结合 PM 模型也可以较精确地模拟冬小麦 λET,而 TD 冠层阻力参数子模型不适合估算夏玉米 λET。B-R 模型可以较精确地模拟冬小麦和夏玉米 λET,但精度低于 KP 冠层阻力参数子模型结合 PM 模型精度。综上,使用 B-R 模型和使用 KP 冠层阻力参数子模型结合 PM 模型均可以准确地模拟苏南地区冬小麦和夏玉米 λET,TD 冠层阻力参数子模型结合 PM 模型均可较精确地模拟冬小麦 λET,但 TD 冠层阻力参数子模型不适合模拟夏玉米 λET。

表 5-7　PM 模型和 B-R 模型精度的比较(冬小麦)

种植年份	模型	MAE	RMSE	NSE	相对误差
2018~2019	PM ($r_{c\text{-KP}}$)	18.88	33.20	0.93	2.0%
	PM ($r_{c\text{-TD}}$)	20.82	34.59	0.93	2.2%
	B-R	25.86	43.78	0.88	−2.9%
2019~2020	PM ($r_{c\text{-KP}}$)	30.53	46.26	0.91	1.1%
	PM ($r_{c\text{-TD}}$)	42.67	57.82	0.86	−3.2%
	B-R	41.86	58.97	0.86	10.6%

表 5-8　PM 模型和 B-R 模型精度的比较(夏玉米)

种植年份	模型	MAE	RMSE	NSE	相对误差
2020	PM ($r_{c\text{-KP}}$)	19.94	32.00	0.94	8.9%
	PM ($r_{c\text{-TD}}$)	58.74	82.49	0.62	35.4%
	B-R	46.60	62.13	0.67	15.9%

5.4　温室内黄瓜冠层温度与冠气温差的变化特征

5.4.1　温室内黄瓜冠层温度及冠气温差的小时变化特征及影响因素

温室内黄瓜不同生育期冠层温度 T_c 及冠气温差 T_c-T_a 的小时变化规律如图 5-7 所示。从图 5-7 中可以看出,T_c 与气温 T_a 具有相似的演变规律,当 $T_a<20\ ℃$ 时,T_c 与 T_a 较为接近,主要发生在夜间、早晨、傍晚和阴雨天。在晴天,07:00 左右 T_c 随 T_a 迅速升高,中午时段达到最高值,之后随 T_a 的降低而降低。从图 5-7 中还可以看出,T_c-T_a 在白天基本为负值,在阴雨天保持平稳且接近于 0,在晴天 T_c-T_a 具有较明显的日变化规律,在作物蒸腾作用最强的中午时段,T_c 明显降低,T_c-T_a 达到最小值。

图 5-8 为黄瓜生育期 T_c 与 T_a 和 VPD 的拟合关系,T_c 与 T_a 具有极高的相关性($R^2=0.95$),由于实际应用中 T_c 较难获取,基于 T_a 建立的相关关系可较准确地确定充分灌溉条件下的 T_c。T_c 与 VPD 也具有较高的相关性($R^2=0.58$),当 VPD 较小($<1.0\ \text{kPa}$)时,T_c 随 VPD 的增大迅速增大,当 $VPD>1.0\ \text{kPa}$ 时,T_c 继续随着 VPD 的增大而增大,但增速明显变缓。

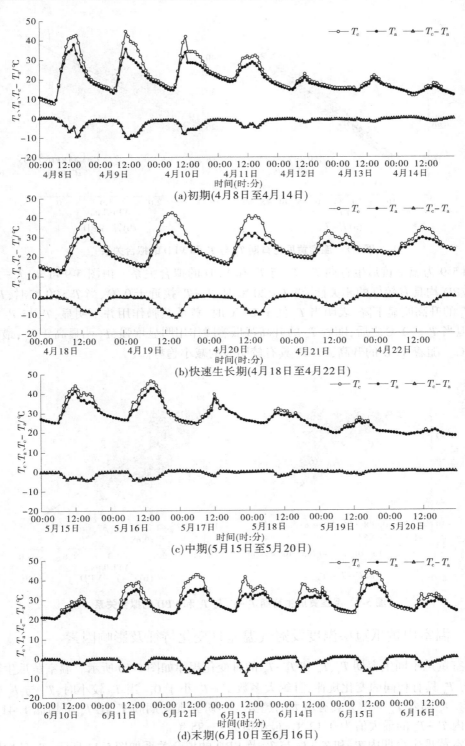

图 5-7　温室黄瓜不同生育期 T_c 及 T_c-T_a 的小时变化规律

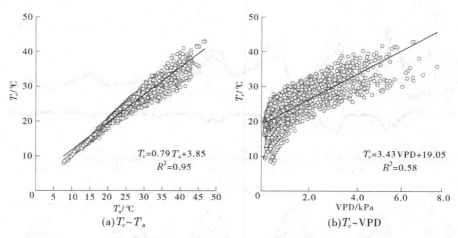

图 5-8　温室黄瓜生育期 T_c 与 T_a 和 VPD 的拟合关系

图 5-9 为温室黄瓜生育期 $T_c - T_a$ 与 T_a 和 VPD 的拟合关系。由图 5-9 可知, $T_c - T_a$ 与 T_a 和 VPD 均具有较好的相关性,当 $T_a < 20$ ℃ 时, $T_c - T_a$ 接近于 0 ℃,当 $T_a > 20$ ℃ 时, $T_c - T_a$ 随着 T_a 的升高明显下降,表明当 T_a 低于 20 ℃ 时,黄瓜蒸腾作用并不明显, T_a 与 T_c 较为接近,但当 $T_a > 20$ ℃ 之后,随着 T_a 的升高黄瓜蒸腾作用明显增强, T_a 明显高于 T_c,最高约为 10 ℃。随着 VPD 的升高, $T_c - T_a$ 具有较明显的减小趋势。

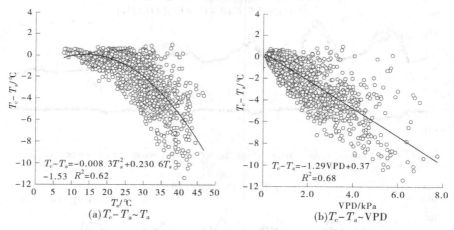

图 5-9　温室黄瓜生育期 $T_c - T_a$ 与 T_a 和 VPD 的拟合关系

5.4.2　温室内黄瓜冠层温度及冠气温差日变化特征及影响因素

温室黄瓜不同生育期 T_a、T_c 和 $T_c - T_a$ 的日变化规律如图 5-10 所示。温室黄瓜生育期内 T_c 与 T_a 具有相同的变化规律,且绝大多数 $T_c - T_a$ 小于 0。当 T_a 较小时, T_c 与 T_a 较为接近, $T_c - T_a$ 随着 T_a 的增大具有增大的趋势。本研究观测期间 T_c 比 T_a 平均低 1.41 ℃,生育期内 $T_c - T_a$ 的最大值为 0.12 ℃,最小值为 -3.85 ℃。

温室黄瓜生育期内 T_c 和 $T_c - T_a$ 与 T_a 及 VPD 的拟合关系如图 5-11 所示, T_c 日均值与 T_a 具有极高的相关性($R^2 = 0.95$),因此可通过 T_a 日均值较准确地确定充分灌溉下 T_c 值。

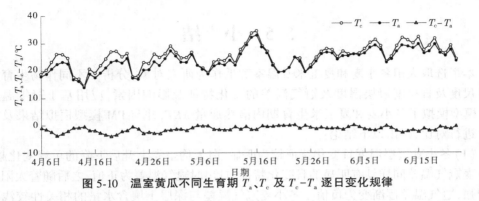

图 5-10　温室黄瓜不同生育期 T_a、T_c 及 T_c-T_a 逐日变化规律

T_c 与 VPD 也具有较高的相关性（$R^2 = 0.54$），T_c 随着 VPD 的增大而增大。T_c-T_a 与 VPD 具有较好的相关性（$R^2 = 0.60$）。虽然 T_c-T_a 与 T_a 在小时尺度相关性较高（$R^2 = 0.62$），但日尺度值相关性明显降低（$R^2 = 0.14$）。从图 5-11 中可以明显看出 T_c-T_a 随着 T_a 的升高具有减小的趋势，但当日平均 T_a 接近 35 ℃ 的极端高温条件下，T_c-T_a 并未达到最小值，这可能是由于极端高温导致黄瓜叶片部分关闭，作物蒸腾作用相对减弱造成的。

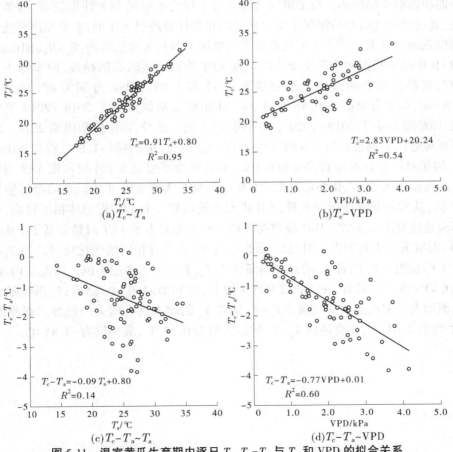

图 5-11　温室黄瓜生育期内逐日 T_c、T_c-T_a 与 T_a 和 VPD 的拟合关系

5.5 小 结

本章选取大田冬小麦和夏玉米及温室黄瓜作为研究对象,分析了不同作物生育期内小时尺度及日尺度冠层温度及冠气温差的变化特征及影响因素,应用基于冠气温差的 B-R 模型模拟了冬小麦和夏玉米生育期内潜热通量 λET,并与 PM 模型模拟结果及实测 λET 进行对比,得出以下结论:

(1)冬小麦冠层温度日变化特征较为明显,白天均呈先上升后下降的单峰变化趋势。冬小麦冠气温差同样具有明显的日变化特征,日出时冠气温差为正值,之后随着太阳辐射的增强,冠气温差逐渐变为负值。冬小麦冠气温差与深层土壤含水量的相关性较浅层土壤更高。冠气温差与主要气象因子的相关性依次为:空气温度(T_a)>太阳净辐射(R_n)>相对湿度(RH)>风速(u)。冠气温差与 T_a 和 R_n 呈显著正相关,除开花期外,与 RH 呈显著负相关,与 u 均未达到显著性水平;冠气温差与冬小麦旗叶净光合速率的相关性较高。

(2)夏玉米冠层温度日变化特征与冬小麦相似,白天呈先上升后下降的单峰变化趋势。冠气温差在玉米生长前期的拔节期日变幅较大,趋势与冠层温度日变化特征一致;在生长中期和后期变幅较小。夏玉米冠气温差与土壤含水量的相关性均较高,与冬小麦不同的是,夏玉米冠气温差与深层土壤含水量的相关性较浅层土壤低,主要原因可能与两种作物的根系深度有关。夏玉米冠气温差与气象因子的相关性依次为:$T_a>R_n>RH>u$。

(3)B-R 模型模拟两季冬小麦小时尺度 λET 均取得了较高的精度,两季冬小麦 λET 模拟值与实测值拟合曲线的斜率分别为 0.92 和 1.08,RMSE 分别为 43.78 W/m^2 和 58.97 W/m^2,NSE 分别高达 0.88 和 0.86。B-R 模型略微低估了 2018～2019 季冬小麦 λET 值,而略微高估了 2019～2020 季冬小麦 λET 值。此外,B-R 模型模拟 2018～2019 季冬小麦稀疏冠层和稠密冠层下 λET 的相对误差分别为−6.4%和−1.8%,模拟 2019～2020 季 λET 的相对误差分别为 12.5%和 8.1%。B-R 模型模拟夏玉米小时尺度 λET 与实测值的拟合曲线斜率为 0.97,RMSE 为 62.13 W/m^2,NSE 为 0.67。B-R 模型略微低估了夏玉米 λET 值,从截距及统计指标来看,B-R 模型在模拟夏玉米 λET 时总体精度较高,可用于估算苏南地区夏玉米 λET。B-R 模型在模拟冬小麦和夏玉米 λET 时精度低于 PM 模型。

(4)温室黄瓜生育期内小时及日尺度 T_c 与 T_a 均具有相同的变化规律。当 $T_a<20\ ℃$ 时,T_c 与 T_a 接近。T_c 随着 T_a 的升高逐渐低于 T_a,T_c-T_a 达到最小值。当温室内 VPD 较小(<1.0 kPa)时,T_c 随着 VPD 的增大迅速增大,在 VPD>1.0 kPa 之后,T_c 继续随着 VPD 的增大而增大。但增速明显变缓。T_c-T_a 随着 T_a 的增大具有增大的趋势。观测期间 T_c 比 T_a 平均低 1.41 ℃,生育期内 T_c-T_a 的最大值为 0.12 ℃,最小值为−3.85 ℃。

第 6 章　温室内典型作物生长过程 对灌水量的响应特征

水分是影响作物生长的主要因素之一,作物株高、茎粗及叶面积指数等指标是反映作物生长状况的关键性指标。随着我国设施农业的快速发展,许多学者在设施农业相关领域进行了深入研究,在不同灌溉方式对作物生理、生态指标的影响及不同灌溉制度等方面取得了大量的研究成果。田义等[160]研究指出,不同生育阶段番茄植株生长指标(株高、茎粗及 LAI 等)不仅由作物自身的遗传特性决定,而且受土壤及气候环境等因素的影响。研究结果显示,在一定范围内,作物株高、茎粗及 LAI 等生长指标均与土壤含水量呈显著正相关关系。张西平等[161]研究膜下滴灌条件下,日光温室黄瓜形态指标及光合作用均随灌水量的增加而有不同程度的增加,最适宜的灌水制度为每隔 3 d 进行一次,灌水时间约为 15 min,该灌水模式下作物生长指标与形态指标最佳。石小虎等[162]发现温室番茄在膜下滴灌条件下,植株茎粗和叶面积均随着灌水量的增大而增大。夏秀波等[163]研究表明,随着土壤相对含水量的升高,番茄株高、茎粗、节间长和单株叶面积显著增加。李晓东等[164]通过对冬小麦进行六个不同生育期不同程度的干旱处理,研究土壤不同含水量对冬小麦生长指标和产量的影响,结果显示,在不同生育时期设置不同程度的水分亏缺均对冬小麦株高和叶面积等生长指标有显著影响。张娟等[165]指出,在温室覆膜条件下,相同灌水下限处理下[60%或70%田间持水率(FC)],白萝卜叶面积随着灌水上限的升高而增大,而白萝卜根长、根粗及单根重均随灌水上限的升高呈先增大后减小的变化规律,且最适宜的灌水上限为 90%FC。牛勇等[166]研究了不同灌水量对温室甜瓜生理生态指标及水分利用效率 WUE 的影响,结果显示,与 90%FC 灌水上限相比较,75%FC 灌水下限更易促进温室甜瓜根系发育及分生,有利于温室甜瓜叶面积及茎粗的增长,易于提高温室甜瓜的产量与品质,而 75%FC 灌水下限的土壤含水量与株高生长过程的相关性显著不明显。

除基于田间持水率来控制灌水量外,还可以通过控制土壤土水势来确定灌水下限。杨文斌等[167](2011)以 15 cm 深处土壤土水势作为控制灌水下限的方法,研究了模拟微喷灌条件下,控制不同程度的灌水下限对温室茼蒿生长发育指标及产量的影响,结果表明,灌水下限控制在-15 kPa,与产量相近的其他处理相比节水约56.4%,生长指标及产量指标分别达到最高,若灌水下限低于-25 kPa,水分亏缺严重,抑制了茼蒿的生长,得出灌水下限控制在-15 kPa 土水势最适宜,有利于茼蒿植株的生长,并达到高产节水的效果。

影响作物产量的因素很多,从作物本身来看,作物叶片光合速率、气孔导度和茎流速率等直接关系着干物质的运转与积累,而土壤水分状况通过对作物生理生态指标的影响,间接地影响作物的产量及 WUE。牛勇等[168]研究温室黄瓜膜下滴灌条件下,不同灌水量对黄瓜植株形态、光合速率、产量及品质等指标的影响,结果显示,黄瓜株高受不同程度水分亏缺影响不显著,而叶面积、光合速率和产量均随土壤水分的增大而增大,灌水下限为85%FC 是温室黄瓜膜下滴灌的最适宜灌水下限。刘浩等[169]指出温室番茄处于任一生长阶段发生水分亏缺均会影响番茄叶片的生理特性(光合速率及气孔导度),并且间接地影响作物干物质的积累与运转,但作物处于不同的生长阶段受到水分亏缺的影响程度不同,此外,在不影响作物正常生长发育和生理需水的情况下,适度的水分亏缺可以实现番茄的丰产和节水效果。韩建会等[170]通过水分生产函数和回归分析方法分析了水分亏缺对日光温室黄瓜产量的影响,得出日光温室黄瓜产量与水分相关性比较显著。廖凯[171]采用盆栽试验,模拟温室黄瓜膜下滴灌条件下,不同土壤含水量对黄瓜生理生态指标、产量、品质及 WUE 的影响,发现黄瓜整个生长阶段,叶片光合速率与气孔导度两者呈正相关关系,在黄瓜生长初期和发育期,较低土壤含水量有利于提高黄瓜叶片光合速率与气孔导度,黄瓜生长中期,土壤含水量过高或过低均会降低光合速率和气孔导度,黄瓜生长中期土壤含水量保持在 75%~90%FC 时可以提高叶片光合速率和气孔导度,即温室黄瓜整个生育期内最宜控制灌溉上限为 90%FC,能达到丰产与高效用水的目的。龚雪文等[147]基于 20 cm 标准蒸发皿累计蒸发量设计充分和亏缺灌水处理,研究不同灌溉水平下温室番茄叶片蒸腾速率、气孔导度与单株茎流速率的日变化和生育期内变化,并采用通径分析法确定影响不同空间尺度番茄蒸腾蒸发量的主控因子,结果发现,不同灌溉水平番茄叶片蒸腾速率和气孔导度在移栽 54~58 d 后开始出现差异;充分和亏缺灌溉处理的番茄单株茎流速率在晴天差异最大,阴雨天差异最小,数值上滞后太阳辐射约 1 h。丁兆堂等[172]阐述了土壤含水量对温室番茄光合作用的影响较为明显,当土壤含水量低于 70% 时,番茄光合速率迅速下降,当土壤含水量处于 30% 左右时,番茄光合速率比土壤含水量低于70% 时降低了 80%。有关研究结果表明,作物光合速率与气孔导度对土壤水分状况的响应存在临界值,当土壤含水量超过该临界值时,光合速率与气孔导度反而有所下降。因此,作物叶片光合速率、气孔导度及茎流速率等生理指标对不同土壤含水量的响应特征仍需进一步研究。

综上所述,目前有关土壤含水量(或灌水量)对温室不同作物生理生态指标的影响研究主要有以下两种结论:①在一定程度上作物生理生态指标均与土壤含水量(或灌水量)呈正相关关系,均随着土壤含水量的增加而增大;②不同作物生理生态指标对土壤水分状况响应存在临界值,超过或低于临界值均不利于植株生长发育,达不到丰产、优质和节水的目的。尽管目前关于土壤含水量(或灌水量)对作物生理生态特性的研究已有很多[160-162],但针对温室环境下不同种植季节作物各项生理特性对水分的响应研究报道还不多,不同程度水分亏缺对温室作物生理生态指标、产量及 WUE 的影响仍需进一步研究。本章将通过不同种植季节温室主要作物滴灌试验,针对不同水分处理对温室黄瓜、茄子及番茄植株的生理生态指标、产量及 WUE 的影响特征展开研究,探寻提高温室典型作物水分利用效率的有效途径,为温室作物高效种植和生产提供科学的理论依据。

6.1 试验设计及观测项目

在设施农业生产过程中,制定适宜的灌溉制度不仅有利于作物生长发育、提高产量和 WUE、减少病虫害的发生,而且可以减少温室内无效水分消耗。株高、茎粗、LAI、光合速率、气孔导度及茎流速率等指标是衡量作物生长发育状况的重要指标。选取温室内主要作物黄瓜、番茄和茄子作为研究对象,通过观测不同灌水处理下温室内黄瓜、番茄和茄子的生长过程、生理特性的变化规律,分析灌水量对黄瓜、番茄及茄子的生长过程、生理指标、蒸腾蒸发及产量的影响规律,为优化温室主要作物的水分管理提供理论依据或参考。

6.1.1 温室黄瓜灌水处理试验设置

本试验研究采用品种为油亮 3-2 的黄瓜作为研究对象,分别于 2017 年 8 月 21 日(秋冬季)和 2018 年 3 月 2 日(春夏季)育苗,定植日期分别为 2017 年 9 月 4 日(秋冬季)和 2018 年 3 月 23 日(春夏季)。本试验灌水方式为滴灌,滴头间距约为 30 cm,滴头流量约为 1.0 L/h,滴灌带布设方式为两行一带,试验槽畦长 16.7 m、宽 0.9 m,采用双行种植模式,行距为 45 cm,株距为 40 cm,种植密度为 6.63 株/m²。定植前施复合肥料(高浓度硫酸钾型)作为底肥,试验区土壤质地为沙壤土,黄瓜根区土壤密度为 1.266 g/cm³,田间持水量(θ_{FC})为 0.408 cm³/cm³,凋萎系数(θ_{WP})为 0.16 cm³/cm³。黄瓜植株进入发育期后使用落蔓器将黄瓜植株悬吊在温室上方铁丝上,每隔 3 d 人工授粉 1 次,同时进行喷药等农作管理。

按照 FAO-56 推荐的方法,黄瓜生育期划分为作物生长初期、发育期、中期和后期 4 个生育期。不同种植季节温室黄瓜生育阶段的划分见表 6-1,春夏季和秋冬季种植黄瓜全生育期天数均为 120 d。本试验基于 20 cm 标准蒸发皿的累计水面蒸发量(E_p)设计了三个灌水处理,当 E_p 达到(20 ± 2)mm 时进行灌水。

表 6-1　不同种植季节温室黄瓜生育阶段的划分

种植季节	春夏季/d	秋冬季/d
初期	21	20
发育期	40	39
中期	38	40
后期	21	21
总计	120	120

本试验以全生育期充分灌水处理(T1)作为对照组,黄瓜幼苗期不做水分处理,确保黄瓜植株成活,在作物生长初期,约灌水 10 mm,发育期设三个水分处理,秋冬季分别为:$0.9E_p$ 为充分灌水(T1)、$0.75E_p$ 为较亏缺灌水(T2)和 $0.5E_p$ 为亏缺灌水(T3)三个灌溉水平,春夏季分别为:$0.8E_p$ 为充分灌水(T1)、$0.6E_p$ 为较亏缺灌水(T2)和 $0.4E_p$ 为亏缺灌水(T3);中期和后期设三个水分处理,秋冬季分别为:$1.2E_p$ 为充分灌水(T1)、$0.9E_p$ 为较亏缺灌水(T2)和 $0.6E_p$ 为亏缺灌水(T3)三个灌溉水平,春夏季分别为:$1.2E_p$ 为充分灌水(T1)、$1.0E_p$ 为较亏缺灌水(T2)和 $0.8E_p$ 为亏缺灌水(T3)。为确保黄瓜幼苗成活,移栽后以滴灌方式补充灌水 20 mm。不同种植季节温室黄瓜各生育阶段的灌水量见表 6-2。三个灌水处理的灌水时间和灌水次数相同,试验期间春夏季共灌水 22 次,秋冬季共灌水 14 次,灌水方式均采用滴灌。每个处理设置四个重复,每个处理面积为 12 × 0.65 m × 0.45 m,每个处理共 36 株,每个重复面积为 3 × 0.65 m × 0.45 m,每个重复共六株黄瓜,各重复间用埋深 30 cm 的塑料隔板隔离。灌水方式为基于 20 cm 标准蒸发皿的累计

水面蒸发量设计三个灌水水平,对不同生育阶段的水分处理设置不同蒸发皿系数(K_p)。

表 6-2　不同种植季节温室黄瓜各生育阶段的灌水量

灌水处理	各生育期灌水定额						总灌水定额	
	春夏季			秋冬季			春夏季	秋冬季
	发育期	中期	后期	发育期	中期	后期		
T1	92.8	132.6	96.6	44.2	94.6	37.8	332.0	192.8
T2	73.1	110.5	80.5	33.3	71.0	28.4	274.1	146.5
T3	53.4	88.4	64.4	23.1	47.3	19.0	216.2	100.3

注:T1 为充分灌水量,mm;T2 为中度亏缺灌水量,mm;T3 为亏缺灌水量,mm。

6.1.2　温室番茄灌水处理试验设置

试验番茄采用土槽种植,土槽长为 65 cm,宽为 45 cm,深为 30 cm,呈南北走向,土槽四周用 20 cm 厚的水泥浇筑,底部铺垫透水透气薄膜。温室内试验地土壤类型属于黏土。试验初始时土壤基本理化性质:pH 值为 7.01,土壤有机质 31.51 g/kg,碱解氮 3.39 g/kg,速效磷 4.96 g/kg,速效钾 89.13 g/kg。供试番茄品种为合作 906。移栽前施用复合肥料(高浓度硫酸钾型)作为底肥,在番茄苗期和开花坐果期各追加一次水溶性肥料,1 000 mL/株。试验采用土槽种植,每个土槽种植两行,行距 30 cm,株距 50 cm,共 54 株,采用作物根区地表滴灌的灌水方式进行灌溉,滴灌管道采用两行一带布设,滴头为压力补偿式滴头,滴头流量为 1.0 L/h,通过控制灌溉时间控制不同处理的灌水量,滴头间距 30 cm。以 20 cm 标准蒸发皿作为参考依据,当累计水面蒸发量(E_p)达到(20 ± 2)mm 时进行灌水[186]。番茄整个生育期为 2018 年 3 月 2 日至 7 月 16 日,共 136 d。番茄于 3 月 2 日播种,3 月 28 日移栽,种植密度为 5.13 株/m²。试验设置三个灌水量处理:T1(1.4E_p)、T2(1.2E_p)、T3(1.0E_p)[54]。为了进一步验证水分处理在不同土壤状况下的表现,对三个不同灌水量下土壤设置三个生物炭施用量处理:B0(0 kg/m²)、B1(2.5 kg/m²)、B2(5.0 kg/m²)[187],如表 6-3 所示,共九组处理,分别是 T1B0、T1B1、T1B2、T2B0、T2B1、T2B2、T3B0、T3B1 和 T3B2。根据灌水量的多少和生物炭施用量的有无将 T2B0 设为对照处理 CK,每个处理三个重复,每个重复之间用埋深 30 cm 的防水挡板隔开。番茄全生育期不同水分处理的灌水量分别为 T1:481.97 mm,T2:401.98 mm,T3:328.75 mm。试验依据温室番茄栽培手册及当地田间管理方式进行除草、落蔓和防病虫害等田间工作。表 6-3 为温室番茄灌水量和生物炭处理试验设置。

表 6-3　温室番茄灌水量和生物炭处理试验设置

生物炭	T1(1.4E_p)	T2(1.2E_p)	T3(1.0E_p)
B0(0 kg/m²)	T1B0	T2B0(CK)	T3B0
B1(2.5 kg/m²)	T1B1	T2B1	T3B1
B2(5.0 kg/m²)	T1B2	T2B2	T3B2

注:E_p 为水面蒸发量,水面蒸发皿口径 20 cm,深 11 cm,材质为铜。

试验采用 20 cm 口径蒸发皿(AM3)观测温室番茄生育期内水面蒸发量,早晨 08:30 用精度为 0.1 mm 的量筒测量蒸发皿内水量,两次所测数据的差值即为前一日的水面蒸发量,每次测量后重新换水,确保蒸发皿中初始水量相同,消除因不同水量造成热储能差异的影响[159]。在番茄整个生育期内,对每个处理选取长势良好、无病害植株进行标记,整个生育期每隔 10 d 进行株高和茎粗的测量。株高采用卷尺测量其基部到顶端的高度,茎粗采用游标卡尺测量秆基部距地面 10 cm 的直径。各试验小区番茄表面全部变红即为成熟,果实成熟后分批采收,每个果实采用精度为 1 g 的电子天平进行番茄鲜重测定,用于产量的计算。

番茄叶片光合速率和气孔导度日变化规律采用 GFS－3000 便携式光合测量仪(WALZ,Germany)进行测定。在番茄整个生育期内选择晴朗无云天气测定番茄叶片光合速率和气孔导度。分别在苗期、开花坐果期和成熟采摘期进行测量,每个处理中随机选取三株长势良好无病虫害的植株进行测定,选取旗叶以下第三片功能叶测定其中部位置,每个叶片测量三次取其平均值,观测时间为 08:00~17:00,每隔 1 h 测定一次。每次测量在 30 min 内完成,避免因环境条件的变化引起测量误差。光合测量仪中各参数设置为:叶室光源采用红蓝光源,光合有效辐射强度设置为 1 500 μmol/(m² · s),气体流量为 750 μmol/s,测量时未对二氧化碳浓度进行人为控制,其浓度为室内二氧化碳浓度。

6.1.3　温室茄子灌水处理试验设置

温室茄子观测试验分别于 2015 年、2016 年及 2017 年 3~8 月进行。试验采用滴灌的灌水方法,2015 年试验设置四个不同水分处理,灌水量最初分别按照田间持水量的 100%、75%、50% 和 40% 设置,后期试验过程中根据实际天气状况调整灌水周期及灌水量,具体灌水时间及灌水量如表 6-4 所示。通过对 2015 年试验的改进,2016 年及 2017 年试验设置三个水分处理(T1、T2 和 T3)。

表 6-4　温室茄子生育期内不同水分处理灌水量和灌水时间

日期	DAT	Irri. T1	Irri. T2	Irri. T3	Irri. T4
5 月 7 日	10	30.0	30.0	30.0	30.0
5 月 17 日	20	20.4	16.3	12.2	8.2
5 月 22 日	25	20.4	16.3	12.2	8.2
5 月 27 日	30	20.4	16.3	12.2	8.2
6 月 2 日	36	20.4	16.3	12.2	8.2
6 月 6 日	40	20.4	16.3	12.2	8.2
6 月 10 日	44	28.5	24.5	20.4	16.3
6 月 13 日	47	28.5	24.5	20.4	16.3
6 月 16 日	50	28.5	24.5	20.4	16.3
6 月 20 日	54	28.5	24.5	20.4	16.3
6 月 23 日	57	28.5	24.5	20.4	16.3
7 月 1 日	65	28.5	24.5	20.4	16.3
7 月 5 日	69	28.5	24.5	20.4	16.3
7 月 9 日	73	28.5	24.5	20.4	16.3
总计	73	360.2	307.2	254.2	201.2

注:DAT 为茄子移栽后天数;Irri. T1、Irri. T2、Irri. T3 及 Irri. T4 分别为四个水分处理方案的灌水量,mm。

6.2　灌水量对温室主要作物生长指标的影响

6.2.1　黄瓜生长指标对灌溉水量的响应特征

株高是衡量黄瓜生长发育状况的重要指标之一。图 6-1 为不同灌水处理下春夏季和秋冬季种植黄瓜株高的动态变化过程。如图 6-1 所示,在相同水分处理下黄瓜株高的变化规律均呈 S 形曲线,随生育期的推进而逐渐升高,不同水分处理下黄瓜株高增长趋势基本相似,在生长初期,由于黄瓜处于缓苗阶段,株高增长缓慢。在快速发展期株高变化较大,在移栽后 30 d 左右,黄瓜株高急剧增长,各处理变化趋势一致,对比不同水分处理黄瓜株高观测结果可以看出,黄瓜生长差异于移栽后 40 d 左右逐渐加大,特别是在黄瓜生长中期和后期株高差异更加明显,至移栽后 66 d 后呈现较缓慢增长趋势,三个水分处理下黄瓜株高均在生长后期达到最大值,春夏季分别为:247 cm、206 cm 和 147 cm,秋冬季分别为:215 cm、189 cm 和 168 cm。

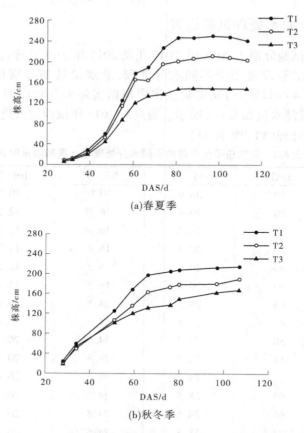

(a)春夏季

(b)秋冬季

图 6-1　不同水分处理下温室黄瓜株高的变化特征

对比不同水分处理下春夏季和秋冬季黄瓜株高可以看出,黄瓜生长中期和后期,各水分处理间春夏季株高差异明显大于秋冬季,原因主要是秋冬季黄瓜生育期进入 11 月以后,温室内气温迅速下降,导致黄瓜生长缓慢;此外,尽管秋冬季黄瓜单次灌水量较大,灌水间隔时间较长,但大部分水分入渗到深层土壤,黄瓜植株有效利用的水分较少,以至于黄瓜株高的差异在生长中、后期逐渐表现出来。春夏季黄瓜株高始终大于秋冬季,适当增加灌水次数有利于黄瓜植株生长,但从整个生育期来看,灌水次数对黄瓜株高的影响不显著,该结果与李道西等[175]研究结果相似,适宜的灌水量可促进黄瓜株高的增长,但受灌水次数的影响不明显。春夏季黄瓜株高明显大于秋冬季,以 DAS 为 80 d 左右黄瓜株高为例,春夏季 T1、T2 和 T3 处理下黄瓜株高分别为 248 cm、202 cm 和 147 cm,秋冬季 T1、T2 和 T3 处理下黄瓜株高分别为 208 cm、179 cm 和 138 cm,春夏季 T1、T2 和 T3 处理下黄瓜株高分别是秋冬季的 1.19 倍、1.13 倍和 1.07 倍。

茎粗和株高一样,也是衡量黄瓜生长发育状况的重要指标之一。图 6-2 为春夏季和秋冬季种植季节不同水分处理下黄瓜茎粗的动态变化过程。从图 6-2 可以看出,黄瓜茎粗的变化过程与株高基本相似,茎粗在黄瓜生长初期和发育期迅速增长,在未进行水分处理前,各处理茎粗无明显差异;在 DAS 为 60 d 左右(黄瓜发育期末期),T1、T2 和 T3 处理下黄瓜茎粗分别为:8.17 mm、8.06 mm 和 7.71 mm(春夏季),6.09 mm、5.91 mm 和 5.56 mm(秋冬季);各处理间虽有微小差异,但差异不显著。在黄瓜生长中期茎粗增长速度渐缓,随着生育阶段的推进,黄瓜生长后期茎粗增长速度基本趋于零。在黄瓜生长中期,T1 处理显示出茎粗的生长优势,表明随着灌水量的增多,植株茎粗逐渐增加,表现为 T1>T2>T3,该结果验证了杨俊华等[176]研究结果,在黄瓜幼苗期、初花期及结果后期,不同水分处理间茎粗的差异不明显,但在坐果初期与中期,随着灌水量的增多,植株茎粗随之增大。在黄瓜生长后期,T1、T2 和 T3 处理下茎粗分别达到最大值,春夏季分别为:10.10 mm、9.09 mm 和 8.41 mm,秋冬季分别为:8.13 mm、7.39 mm 和 6.45 mm,不同水分处理对不同生育阶段黄瓜茎粗影响不显著。

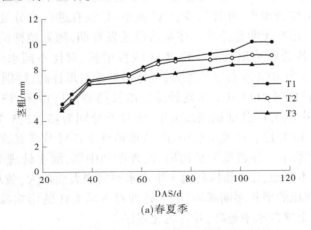

(a)春夏季

图 6-2　不同水分处理下温室黄瓜茎粗的变化特征

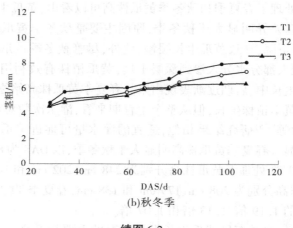

(b)秋冬季

续图 6-2

对比春夏季和秋冬季黄瓜茎粗可以看出,春夏季黄瓜生长中期和后期植株茎粗明显大于秋冬季,表明适当增加灌水次数,更有利于黄瓜植株茎粗的增长,如图 6-2 所示,在 DAS 为 60 d 后,春夏季黄瓜茎粗增长差异明显大于秋冬季。到了黄瓜生长后期,这种差异逐渐减小,以 DAS 为 80 d 的黄瓜茎粗为例,春夏季 T1、T2 和 T3 处理下黄瓜茎粗分别为 9.00 mm、8.70 mm 和 7.82 mm,秋冬季 T1、T2 和 T3 处理下黄瓜茎粗分别为 7.31 mm、6.53 mm 和 6.36 mm,春夏季 T1、T2 和 T3 处理下黄瓜茎粗分别是秋冬季的 1.23 倍、1.33 倍和 1.23 倍。

植株叶片是作物进行光合的主要器官,叶面积指数(LAI)不仅是反映作物群体结构的重要参数之一,而且直接决定作物群体对太阳辐射的截获能力,从而对作物产量的形成起着重要的作用。图 6-3 为春夏季和秋冬季种植黄瓜不同水分处理下 LAI 的动态变化过程,在相同水分处理下,不同种植季节黄瓜整个生育期内 LAI 的变化规律呈单峰曲线,LAI 的变化大致呈现缓慢增加—急速增加—减小的趋势。在生长初期,由于黄瓜处于缓苗阶段,各处理黄瓜植株矮小,叶片数少,LAI 较小,且没有进行水分处理,所以各处理黄瓜长势一致,叶面积指数无明显差异。在黄瓜快速发育期,随着植株的快速生长,叶片数增多,叶面积增大,各处理黄瓜长势一致,LAI 线性增长,对比不同水分处理结果可以看出,黄瓜生长于 DAS 为 40 d 左右逐渐加大,规律类似于黄瓜株高,特别是到达黄瓜生长中期差异更加明显,至 DAS 为 60 d 后呈现较缓慢增长趋势,T1、T2 和 T3 处理 LAI 表现为:T1>T2>T3,在生长中期 LAI 分别达到最大值,春夏季分别为:5.12、3.77 和 2.64,秋冬季分别为:4.66、3.73 和 3.13。进入生长中期,黄瓜植株下部叶片受光面积越来越少,植株逐渐衰老,LAI 随之减小。在黄瓜生长初期、发育期和中期,灌水处理对黄瓜 LAI 的影响与对株高的影响基本相似,LAI 和株高随土壤含水率的增大而增大,黄瓜生长后期主要以生殖生长为主,叶面积的增长逐渐减弱,灌水处理对黄瓜 LAI 的影响减小,各水分处理间的差异主要表现为土壤含水率越高,叶片老化越慢。

对比春夏季和秋冬季黄瓜 LAI 可以发现:在 DAS 为 60 d 左右,T1、T2 和 T3 处理下秋冬季黄瓜 LAI 分别为 4.66、3.73 和 2.65,春夏季黄瓜 LAI 分别为 4.31、3.5 和 2.31,该生长期在春夏季对应日期为 3 月末至 5 月初,在秋冬季对应日期为 8 月末至 10 月初,秋冬季日平均气温明显高于春夏季,对于喜热耐潮的黄瓜作物而言,8 月末到 10 月初气温更适宜黄瓜生长,因此秋冬季(8 月末至 10 月初)黄瓜植株长势较春夏季好。由于 10 月后气温迅速降低,黄瓜生长发育快速减缓,而春夏季与之相反,进入 6 月气温迅速升高,之后气温一直有利于黄瓜植株生长,导致秋冬季黄瓜长势开始低于春夏季。黄瓜生长对气温较为敏感,特别是低温极易限制黄瓜植株的生长发育。牛勇[177]指出,受气温的影响,秋冬季黄瓜在生长初期与发育期长势要好于春夏季,之后秋冬季黄瓜生长速率又开始低于春夏季。因此,建议在春夏季初期和秋冬季后期采用增温措施提高温室内气温来促进黄瓜植株的生长。

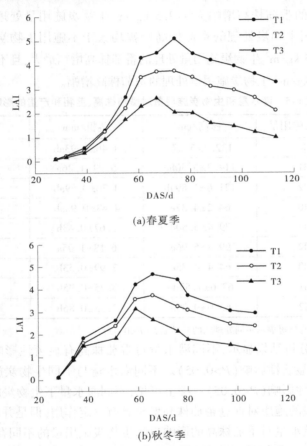

(a)春夏季

(b)秋冬季

图 6-3　不同灌水处理下温室黄瓜叶面积指数的变化规律

6.2.2　番茄生长指标对灌水量的响应特征

番茄的外部形态反映了其生长发育是否良好,株高是反映番茄外部形态的重要指标之一。表 6-5 是不同灌水量和不同生物炭施用量下番茄株高、茎粗和产量的变化规律。表 6-5 中番茄株高的大小是以增幅计算,即株高的最后一次所测数值与第一次所测数值之差。由表 6-5 可知,从灌水量方面来看,在 T1 灌水量处理下,番茄株高随着生物炭施用量的增加呈现先减小后增大的趋势;在 T2 灌水量处理下,番茄株高随着生物炭施用量的增加呈现逐渐增大的趋势;在 T3 灌水量处理下,番茄株高随着生物炭施用量的增加呈现先增大后减小的趋势。从生物炭施用量方面来看,在 B0 处理下,随着灌水量的增加番茄株高呈现先减小后增大的趋势,从 T3 到 T2 处理,番茄的株高降幅较小,数值基本保持一致;在 B1 和 B2 生物炭施用量处理下,番茄株高随着灌水量的增加呈现逐渐增大的趋势。在 T1 灌水量下番茄株高增幅最大的处理 T1B0,为 132.8 cm;在 T2 灌水量下番茄株高增幅最大的是 T2B2,为 99.8 cm;在 T3 灌水量下番茄株高增幅最大的是 T3B1,为 67.6 cm。在不同灌水量下,不同生物炭施用量对番茄株高的影响不同,$1.4E_p$ 灌水量下不施用生物炭的番茄株高长势最好,5 kg/m² 生物炭施用量处理的番茄株高增幅大于 2.5 kg/m² 生物炭施用量处理的番茄株高增幅;$1.2E_p$ 灌水量下施用生物炭处理的番茄株高增幅均大于不施用生物炭番茄株高的增幅;$1.0E_p$ 灌水量下 2.5 kg/m² 生物炭施用量处理的番茄株高增幅最大,且不施用生物炭的番茄株高增幅大于 5.0 kg/m² 生物炭施用量处理的番茄株高增幅。

表 6-5　灌水量和生物炭施用量对番茄株高、茎粗和产量的影响

灌水量	生物炭施用量	株高/cm	茎粗/mm	产量/(t/hm²)
T1	B0	132.8±5.67a	4.46±0.93ab	24.74ab
	B1	114.7±5.50bc	5.99±1.26a	15.91bc
	B2	121.6±1.89ab	4.76±0.59ab	32.39a
T2	B0	64.2±4.37e	4.43±0.98ab	4.43cd
	B1	79.4±5.50d	3.67±0.43b	6.16cd
	B2	99.8±5.96c	6.18±1.05a	4.30d
T3	B0	64.4±4.75e	2.99±0.53b	1.41d
	B1	67.6±7.57de	3.25±0.95b	2.59d
	B2	63.0±9.05e	3.33±0.86b	3.90d

注:同列数据的不同小写字母表示不同处理间的差异显著($P<0.05$)。

表 6-6 的方差分析结果显示,不同灌水量对番茄株高有显著性影响($P<0.05$),而生物炭对番茄株高无显著性影响($P>0.05$)。不同灌水量与不同生物炭施用量的交互作用对番茄株高有显著性影响($P<0.05$)。综上可见,不同灌水量下生物炭施用量对番茄株高的影响不同,生物炭的施用对促进番茄株高增长具有一定作用,但是并非生物炭施用量越多番茄长势越好,灌水量对番茄株高的影响也随生物炭施用量的不同存在差异。

表 6-6　灌水量和生物炭施用量对番茄株高、茎粗和产量的方差分析

处理	P(株高)	P(茎粗)	P(产量)
灌水量	0**	0.001	0**
生物炭	0.521	0.255	0.564
灌水量+生物炭	0**	0**	0**

注:**表示极显著相关($P<0.01$)。

茎粗与和株高一样,也是反映番茄外部形态的重要指标之一。表 6-5 中番茄茎粗的大小是以增幅计算,即茎粗的最后一次所测数值与第一次所测数值之差。如表 6-5 所示,从灌水量方面来看,在 T1 灌水量下,番茄茎粗随着生物炭施用量的增加呈先增大后减小

的趋势;在 T2 灌水量下,番茄茎粗随生物炭施用量的增加呈先减小后增大的趋势;在 T3 灌水量下,番茄茎粗随生物炭施用量的增加呈逐渐增大的趋势。从生物炭施用量来看,在 B0 处理下,随着灌水量的增加番茄茎粗呈现逐渐增大的趋势,从 T2 到 T1 处理的番茄茎粗增幅较小,仅增加 3%;在 B1 生物炭施用量处理下,番茄茎粗随着灌水量的增加呈现逐渐增大的趋势;在 B2 生物炭施用量处理下,番茄茎粗随着灌水量的增加呈现先增大后减小的趋势。在 T1 灌水量下番茄茎粗增幅最大的处理是 T1B1,为 5.99 mm;在 T2 灌水量下番茄茎粗增幅最大的是 T2B2,为 6.18 mm;在 T3 灌水量下番茄茎粗增幅最大的是 T3B2,为 3.33 mm。番茄茎粗的变化规律与株高的变化规律不完全一致,在 $1.4E_p$ 灌水量处理下 2.5 kg/m^2 生物炭施用量的番茄茎粗长势最好,无生物炭施用量处理的番茄茎粗增幅最小;$1.2E_p$ 灌水量下 5.0 kg/m^2 生物炭施用量处理的番茄茎粗增幅最大;$1.0E_p$ 灌水量下 5.0 kg/m^2 生物炭施用量处理的番茄茎粗增幅最大。由表 6-6 方差分析可知,不同灌水量对番茄茎粗有显著性影响($P<0.05$),而生物炭对番茄茎粗无显著性影响($P>0.05$)。不同灌水量与不同生物炭施用量的交互作用对番茄茎粗有显著性影响($P<0.05$)。综上可见,T1 灌水量下 2.5 kg/m^2 生物炭施用量、T2 和 T3 灌水量下 5.0 kg/m^2 生物炭施用量对番茄茎粗的增幅促进作用最大。由此可见,灌水量对番茄茎粗增幅的影响随生物炭施用量的不同存在差异。

表 6-6 中方差分析结果显示,不同灌水量对番茄产量有显著影响($P<0.05$),而生物炭施用量对番茄产量无显著影响($P>0.05$)。在 T1 灌水量下番茄产量随着生物炭施用量的增加呈先减小后增大的趋势,在 T2 灌水量下番茄产量随着生物炭施用量的增加呈先增大后减小的趋势,在 T3 灌水量下番茄产量随着生物炭施用量的增加呈现逐渐增大的趋势。不同灌水量与不同生物炭施用量的交互作用对番茄产量影响为极显著($P<0.01$),随着灌水量的增加,在 B0、B1 和 B2 不同生物炭施用量处理下番茄产量呈现逐渐增大的趋势。$1.4E_p$ 灌水量与 B2 生物炭施用量相结合时番茄获得最高产量 32.39 t/hm^2,与无生物炭施用量处理 B0 相比番茄产量提高 30.9%。在 T1 灌水量下,B1 和 B2 生物炭施用量处理相比 B0 处理番茄的产量分别提高 30.9% 和降低 35.7%,在 T2 灌水量下,B1 和 B2 生物炭施用量处理相比 B0 处理番茄的产量分别提高 39.1% 和降低 35.75%,在 T3 灌水量下,B1 和 B2 生物炭施用量处理相比 B0 处理番茄的产量分别提高 83.7% 和 176.6%。综上可见,不同灌水量下生物炭施用量对番茄产量的影响不同,不同生物炭施用量对番茄产量增长具有一定的促进作用,灌水量为 $1.4E_p$ 时 B2 生物炭施用量对提高番茄产量有促进作用,灌水量为 $1.2E_p$ 时 B1 生物炭施用量对提高番茄产量有促进作用,灌水量为 $1.0E_p$ 时 B1 和 B2 生物炭施用量均可以有效地提高番茄产量。

6.3　温室作物生理指标对灌水处理的响应特征

6.3.1　黄瓜生理指标对灌水处理的响应特征

图 6-4 为不同灌水量处理下春夏季和秋冬季黄瓜生长中期和后期茎流速率的日变化规律。如图 6-4 所示,随着黄瓜生育期的推进,黄瓜植株的茎流速率也随之发生变化,当

黄瓜进入生长中期[(见图 6-4(a)、(c)],植株 LAI 和株高都达到最大值,植株茎流速率也随之达到峰值。以 T1 处理为例,在黄瓜生长中期和后期[见图 6-4(b)、(d)],中午茎流速率最大;春夏季黄瓜生长中期[见图 6-4(a)]和后期[见图 6-4(b)]日最大茎流速率分别为 106.38 g/h 和 42.52 g/h,秋冬季[见图 6-4(c)和图 6-4(d)]分别为 104.21 g/h 和 29.94 g/h,黄瓜进入生长后期,植株逐渐衰老,茎流速率也随之减小。

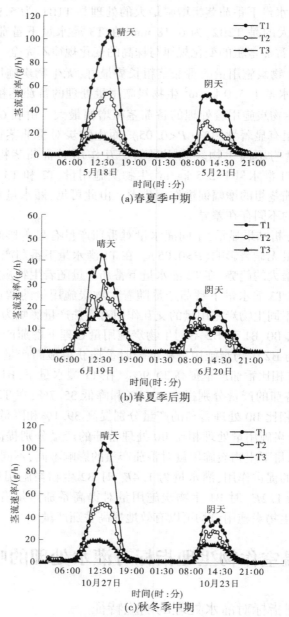

图 6-4　不同水分处理下黄瓜茎流速率的变化过程

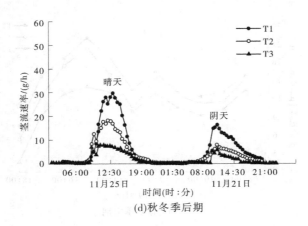

(d)秋冬季后期

续图 6-4

在春夏季黄瓜生长中期,晴天各水分处理下(T1、T2 和 T3)茎流速率最大值分别为 106.38 g/h、53.51 g/h 和 15.98 g/h,黄瓜生长后期相应值分别为 42.52 g/h、30.71 g/h 和 19.32 g/h;秋冬季黄瓜生长中期茎流速率最大值分别为 104.21 g/h、51.56 g/h 和 19.90 g/h,生长后期分别为 29.94 g/h、18.38 g/h 和 8.01 g/h。春夏季黄瓜生长中期各水分处理间差异分别为 52.87 g/h(T1 与 T2)、37.53 g/h(T2 与 T3),秋冬季差异分别为 52.65 g/h(T1 与 T2)和 31.66 g/h(T2 与 T3);而在黄瓜生长后期,春夏季各处理间差异分别为 11.81 g/h 和 11.39 g/h,秋冬季差异分别为 11.56 g/h 和 10.37 g/h。综上所述,随着生育期的推进,不同灌水量处理下黄瓜茎流速率最大值的差异逐渐减小。

不同水分处理单株黄瓜茎流速率的日变化规律相似,但阴天茎流速率波动幅度较大。以秋冬季生长中期[见图 6-4(c)]为例,晴天各水分处理(T1、T2 和 T3)下中午最大茎流速率值分别为 104.21 g/h、51.56 g/h 和 19.90 g/h,阴天分别为 37.59 g/h、28.17 g/h 和 17.27 g/h,晴天各水分处理间差异分别为 52.65 g/h(T1 与 T2)和 31.66 g/h(T2 与 T3),阴天分别为 9.42 g/h(T1 与 T2)和 10.90 g/h(T2 与 T3),各水分处理茎流速率的大小表现形式为 T1>T2>T3,晴天>阴天,且晴天各水分处理间的差异比阴天大。可以得出,水分亏缺抑制了黄瓜植株的茎流速率,在晴天尤为明显。

光合作用是植株利用外界能量和物质合成自身需求物质的生理过程,它是作物产量形成的基础,在作物生长的任何时期,水分亏缺对作物叶片的光合作用均将产生不利的影响。图 6-5 和图 6-6 分别为春夏季和秋冬季黄瓜生长中期和后期不同水分处理下光合速率的日变化规律。黄瓜生长中期的观测时间间隔以 1 h 为测量时间尺度,观测时间段为 08:00~18:00;生长后期以 2 h 为测量时间尺度,观测时间段为 08:00~18:00。

如图 6-5 所示,在温室黄瓜作物生长中期,当测量时间尺度为 1 h 时,叶片光合速率日变化规律呈现双峰形,春夏季和秋冬季的光合速率日变化趋势基本相似,且各水分处理下叶片光合速率的日变化趋势也基本相似,其表现形式均为 T1>T2>T3。土壤含水率的亏缺会直接导致气孔开度的下降、叶片水势的升高及黄瓜叶面积的下降,进而直接削弱黄瓜叶片的光合速率,这一特征在 T3 水分处理上体现最为明显。

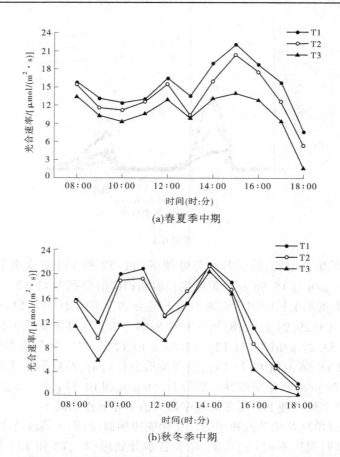

图 6-5　不同水分处理下温室黄瓜光合速率的日变化规律(观测间隔:1 h)

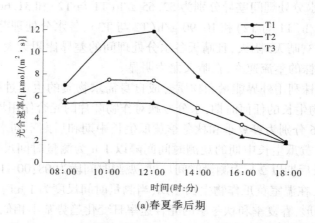

图 6-6　不同水分处理下黄瓜光合速率的日变化规律(观测间隔:2 h)

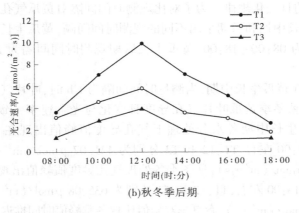

(b)秋冬季后期

续图 6-6

春夏季黄瓜生长中期各处理下黄瓜叶片光合速率的峰值出现在 12:00 和 15:00 左右,最大值出现在 15:00 左右,T1、T2 和 T3 处理下光合速率值分别为 22.09 $\mu mol/(m^2 \cdot s)$、20.38 $\mu mol/(m^2 \cdot s)$ 和 14.03 $\mu mol/(m^2 \cdot s)$;秋冬季各处理光合速率值峰值出现在 11:00 和 14:00 左右,最大值出现在 14:00 左右,T1、T2 和 T3 分别为 21.67 $\mu mol/(m^2 \cdot s)$、21.39 $\mu mol/(m^2 \cdot s)$ 和 20.36 $\mu mol/(m^2 \cdot s)$;春夏季双峰值比秋冬季峰值时间推迟了 1 h,可能是因为春夏季中期处于 5 月上旬,秋冬季处于 9 月中旬,9 月相对于 5 月太阳辐射较大,气温较高。春夏季 13:00 与秋冬季 12:00 左右,气温和太阳辐射达到最大值,叶片气孔关闭,出现光合"午休"现象,导致光合速率急速下降,春夏季 T1、T2 和 T3 处理下叶片光合速率值分别为 13.58 $\mu mol/(m^2 \cdot s)$、10.40 $\mu mol/(m^2 \cdot s)$ 和 9.86 $\mu mol/(m^2 \cdot s)$,秋冬季分别为 13.08 $\mu mol/(m^2 \cdot s)$、13.25 $\mu mol/(m^2 \cdot s)$ 和 9.16 $\mu mol/(m^2 \cdot s)$。

如图 6-6 所示,在黄瓜生长后期,当测量时间尺度为 2 h 时,叶片光合速率日变化规律呈现单峰型,春夏季和秋冬季各水分处理下黄瓜叶片光合速率的日变化趋势基本相似,表现形式均为 T1>T2>T3。春夏季和秋冬季黄瓜生长后期各水分处理下黄瓜光合速率的峰值均出现在 12:00 ~ 13:00,春夏季 T1、T2 和 T3 水分处理下日最大光合速率值分别为 11.88 $\mu mol/(m^2 \cdot s)$、7.52 $\mu mol/(m^2 \cdot s)$ 和 5.48 $\mu mol/(m^2 \cdot s)$,秋冬季分别为 9.87 $\mu mol/(m^2 \cdot s)$、5.79 $\mu mol/(m^2 \cdot s)$ 和 3.95 $\mu mol/(m^2 \cdot s)$,春夏季光合速率最大值大于秋冬季,可能是因为春夏季生长后期处于 6 月,太阳辐射强,气温较高,而秋冬季黄瓜生长后期处于 11 月,太阳辐射和气温均较低。以 2 h 测量时间尺度为观测时间间隔不能体现 12:00 左右气孔关闭的现象。张西平等[161] 和牛勇等[168] 研究结果显示,以 2 h 为观测时间间隔,叶片光合速率日变化规律均没有呈现双峰形,即没有出现叶片"午休"的现象。比较不同水分处理下叶片光合速率发现,水分亏缺对黄瓜叶片光合速率有明显的影响,土壤含水量越高,植株叶片光合速率越大,而土壤含水量过低,黄瓜叶片气孔"午休"现象愈加明显。张西平等[161] 研究结果显示,在温室膜下滴灌条件下,黄瓜叶片光合速率受土壤含水量的影响,土壤含水量过低可能会抑制作物光合作用,最终将造成作物产量降低。

作物叶片气孔是调节作物水热平衡的重要通道之一,而气孔导度的大小直接影响作物光合和蒸腾作用。图 6-7 和图 6-8 分别为春夏季和秋冬季黄瓜生长中期和后期不同水分处理下气孔导度的日变化规律。为了对比观测时间间隔对黄瓜气孔导度日变化趋势的影响,分别对黄瓜生长中期和后期采用不同的观测时间间隔,黄瓜生长中期观测时间间隔为 1 h,观测时间段为 08:00～18:00,黄瓜生长后期观测时间间隔为 2 h,观测时间段为08:00～18:00。

如图 6-7 所示,在黄瓜生长中期,当测量时间间隔为 1 h 时,叶片气孔导度日变化规律呈双峰形,春夏季和秋冬季黄瓜叶片气孔导度日变化与光合速率一致,表现形式为 T1>T2>T3。春夏季黄瓜生长中期各水分处理下气孔导度值峰值出现在 11:00 和 15:00 左右,最大值出现在 15:00 左右,T1、T2 和 T3 分别为 421.07 μmol/(m²·s)、344.66 μmol/(m²·s) 和 339.09 μmol/(m²·s);秋冬季各处理气孔导度值峰值出现在 11:00 和 14:00左右,最大值出现在 14:00 左右,T1、T2 和 T3 分别为 635.08 μmol/(m²·s)、478.73 μmol/(m²·s) 和 403.01 μmol/(m²·s),春夏季双峰值比秋冬季峰值时间推迟了 1 h 左右,与光合速率变化规律相似,春夏季峰值小于秋冬季。T1、T2 和 T3 处理下春夏季黄瓜叶片气孔导度值分别为 126.68 μmol/(m²·s)、117.73 μmol/(m²·s) 和 103.59 μmol/(m²·s),秋冬季分别为 237.46 μmol/(m²·s)、219.58 μmol/(m²·s) 和 121.67 μmol/(m²·s)。

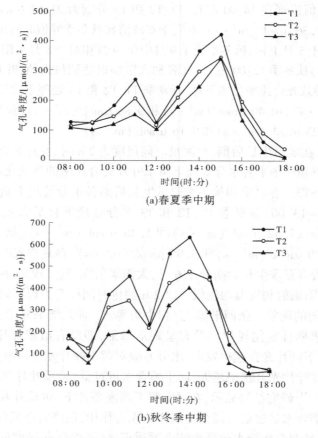

图 6-7 不同水分处理下黄瓜气孔导度的日变化规律(观测间隔:1 h)

如图 6-8 所示,在黄瓜生长后期,当测量时间间隔为 2 h 时,叶片气孔导度日变化规律呈单峰形,春夏季和秋冬季各水分处理气孔导度和光合速率的变化趋势基本相似。春夏季和秋冬季黄瓜生长后期各处理气孔导度值峰值均出现在 12:00 左右,春夏季 T1、T2 和 T3 处理下黄瓜日最大气孔导度分别为 219.58 μmol/(m² · s)、182.08 μmol/(m² · s) 和 142.47 μmol/(m² · s),秋冬季分别为 177.63 μmol/(m² · s)、151.34 μmol/(m² · s) 和 121.26 μmol/(m² · s)。王绍辉等[179]研究结论表明,随着土壤含水量的降低,黄瓜叶片气孔密度逐渐增加,叶片逐渐变厚,气孔阻力逐渐升高,导致蒸腾速率降低。因此,T1 处理的土壤含水量较 T3 处理更适宜黄瓜的生长发育。

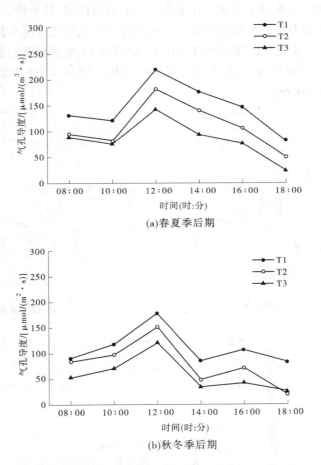

图 6-8　不同水分处理下黄瓜气孔导度的日变化规律(观测间隔:2 h)

6.3.2　番茄叶片光合速率和气孔导度对灌水量的响应特征

图 6-9 和图 6-10 为不同灌水量和不同生物炭施用量下,成熟采摘期番茄叶片气孔导度和光合速率的日变化规律。在番茄成熟采摘期,T1 和 T2 灌水量处理下不同生物炭施用量的番茄叶片气孔导度日变化规律呈双峰形;在 T3 灌水量下,番茄气孔导度无明显的峰值变化规律。在 T1 和 T2 灌水量下,番茄叶片气孔导度峰值分别出现在 11:00 和

14:00,随着温度升高,气孔导度逐渐增大,且 11:00 出现的峰值远高于 14:00 出现的峰值,双峰之间,中午 12:00 左右,气孔导度存在明显的走低趋势,这是由于气温和太阳辐射达到最大值,作物为防止叶片失水严重,叶片大部分气孔关闭进行自我保护,从而使气孔导度迅速下降导致植物的光合速率降低,即出现光合"午休"现象。在不同生物炭施用量处理下,11:00 番茄光合速率大小存在 T1>T2>T3 的规律,这是因为土壤水分亏缺直接导致气孔开度下降、叶片水势升高及番茄叶面积减小,进而削弱了叶片的光合速率。在 T1 灌水量下,光合速率的第一个峰值的大小顺序为 B2>B1>B0,在 T2 和 T3 灌水量下,其大小顺序为 B0>B1>B2。由此表明,添加生物炭在 $1.4E_p$ 灌水量下对光合速率有促进作用,而在 $1.2E_p$ 和 $1.0E_p$ 灌水量下对光合速率有一定的抑制作用,且生物炭施用量越多,抑制作用越明显。本试验九组处理的番茄叶片气孔导度日变化与光合速率日变化规律基本保持一致性。B1 和 B2 生物炭施用量处理相比 B0 处理在 T1 灌水量下的番茄叶片日平均光合速率分别高 11.4% 和 54.8%,在 T2 灌水量下,其值分别高 3.2% 和低 13.9%,在 T3 灌水量下低 16.7% 和 50.6%。

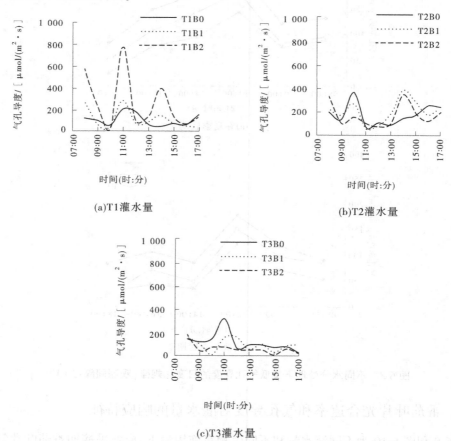

(a)T1灌水量　　　　　　　　　(b)T2灌水量

(c)T3灌水量

图 6-9　灌水量和生物炭施用量对番茄叶片气孔导度日变化的影响

注:此图为成熟采摘期的番茄叶片气孔导度日变化规律。

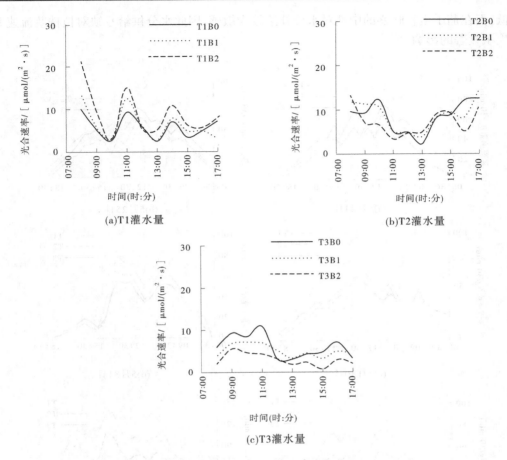

(a)T1灌水量　　　(b)T2灌水量

(c)T3灌水量

图 6-10　灌水量和生物炭施用量对番茄叶片光合速率日变化的影响

注:此图为成熟采摘期的番茄光合速率日变化规律。

6.3.3　茄子茎流速率对灌溉水量的响应特征

图 6-11 为温室茄子生育期内不同水分处理下茎流速率的小时变化规律。如图 6-11 所示,从 5 月 24 日至 6 月 14 日,受太阳辐射及温度影响,不同水分处理下茄子茎流速率小时变化均呈现相似的单峰变化趋势,均在 09:30~15:30 之间呈现一天中最大值,不同生育期峰值有所差异,茄子生长中期(6 月 5 日开始)茎流速率峰值较前期增大。在水分供应充足的条件下,其峰值均超过 200 g/30 min。其主要影响因素为作物本身生长状况,叶片光合速率及蒸腾能力随着茄子的生长而增强是茄子植株茎流速率增大的主要原因,此外,温室内气温及辐射是影响茄子茎流速率的另一主要因素。温室日间接收辐射通量的不稳定性是造成茄子茎流速率波动变化的主要原因。通过分析不同水分处理下茄子茎流速率的差异可以看出,除生长初期(5 月 24 日和 5 月 25 日)外,高水分处理下茄子茎流速率均为最大,且不同水分处理下茄子茎流速率的差异性随茄子生育期而变化,在茄子生长前期,茎流速率对水分处理的敏感性较中期弱,其原因主要为茄子生长前期对水分需求

较低,而在茄子生长旺盛的中期对水分补给较为敏感,因此水分供给亏缺对植株茎流速率产生了显著的影响。

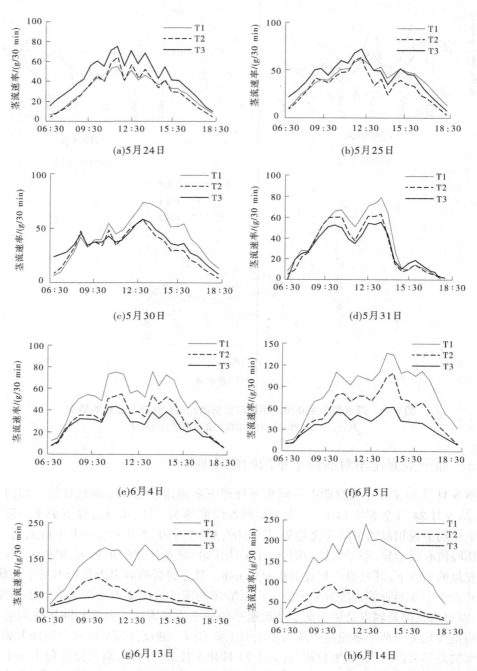

图 6-11　不同水分处理下茄子生育期内茎流速率的小时变化规律(数据源于 2016 年)

6.4　温室作物蒸腾蒸发量及根系层土壤水分对灌水量的响应

6.4.1　灌水量对温室黄瓜耗水过程的影响

作物耗水量表示作物在任意土壤水分状况下的植株蒸腾、土壤蒸发和构成植株体的生理水之和[180]。作物蒸腾蒸发耗水量的确定是田间灌溉、植物水分生理、作物栽培与耕作及评价气候资源等众多研究领域的重要组成部分,是田间水量平衡的主要组成部分。

温室作物蒸腾蒸发耗水量(ET_c)可由水量平衡公式计算如下:

$$ET_c = \Delta W + P + I + S_G - D_p \tag{6-1}$$

式中:ΔW 为计算时段内根系层土壤储水量的变化量,mm;P 为计算时段内降雨量,mm,由于温室内无降雨量,此项为0;I 为计算时段内的灌水量,mm;S_G 为计算时段内地下水的补给量,本试验灌溉方式为滴灌,且研究区域地下水埋深较大,故地下水补给量 S_G 忽略不计,mm;D_p 为计算时段内的深层渗漏量,mm,试验滴灌灌水定额较小,此项可忽略不计。

水分利用效率(WUE)是指植物消耗单位蒸腾蒸发水量所产生的作物光合作用量或生长量,也有研究学者将其定义为每消耗单位水量所产作物果实的鲜果重,并将水分利用效率作为评价作物生长适宜程度的综合生长发育指标。可用式(6-2)计算不同灌水处理条件下作物的 WUE[181]。

$$\text{WUE} = \frac{Y}{ET_c} \tag{6-2}$$

式中:WUE 为水分利用效率,kg/m³;Y 为产量,kg/hm²。

图 6-12 为温室内不同灌水处理下春夏季与秋冬季种植黄瓜生育期内根系层土壤体积含水量的变化特征,在黄瓜生长初期不设置水分处理,为确保植株的成活率,定植时灌水一次,同时由于黄瓜植株在生长初期耗水量较小,初始土壤含水量无明显差异。春夏季和秋冬季分别从播种后32 d 和25 d 开始进行灌水处理。春夏季育苗时间在3月,气温较低限制了黄瓜幼苗的生长,而秋冬季育苗时间在8月,气温较高,对于喜热的黄瓜植株能快速生长,所以春夏季开始进行水分处理时间较秋冬季迟。如图 6-12 所示,随着灌溉次数和耗水量的增加,不同灌水处理下土壤含水量开始出现明显的差异,T1 处理的土壤含水量明显高于 T2 和 T3 处理。由于春夏季灌水频率较高,所以春夏季土壤含水量峰值比秋冬季大,春夏季不同灌水处理下土壤含水量最大值均值分别为:0.408 cm³/cm³、0.324 cm³/cm³ 和 0.288 cm³/cm³,最小值均值分别为:0.257 cm³/cm³、0.227 cm³/cm³、0.193 cm³/cm³;秋冬季不同灌水处理下土壤含水量最大值均值分别为:0.405 cm³/cm³、0.322 cm³/cm³ 和 0.269 cm³/cm³,最小值均值分别为:0.234 cm³/cm³、0.196 cm³/cm³ 和 0.179 cm³/cm³。

由图 6-12 可见,T1 处理与 T2 和 T3 处理下土壤体积含水量的差异在两个种植季节都很显著,处理间的显著差异并未随生育期的推进而显著增大或减小,T2 与 T3 处理间的差异较小,表明 T1 处理在满足黄瓜作物耗水的基础上,同时确保了根系层土壤含水量维持在相对较高的水平,T2 处理仅仅满足了黄瓜作物的耗水,土壤根系层含水量相对较低,

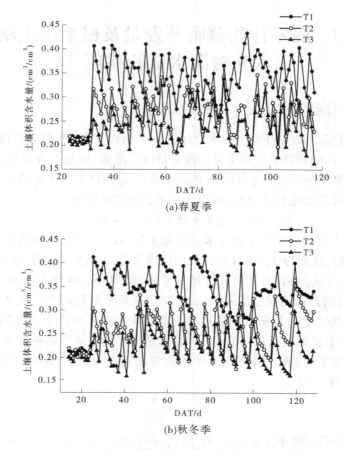

(a)春夏季

(b)秋冬季

图 6-12　不同灌水处理下黄瓜根系层内土壤含水量变化特征

T3 水分处理下由于根系层土壤含水量过低,导致作物根系吸水困难,最终抑制了黄瓜的生长和耗水。从灌水处理开始到试验结束,T1 处理下春夏季和秋冬季土壤含水量平均值分别为 $0.339\ cm^3/cm^3$ 和 $0.337\ cm^3/cm^3$,T2 处理分别为 $0.257\ cm^3/cm^3$ 和 $0.265\ cm^3/cm^3$,T3 处理分别为 $0.223\ cm^3/cm^3$ 和 $0.237\ cm^3/cm^3$,春夏季 T1 处理的平均土壤体积含水量分别高出 T2 和 T3 的 24.2% 和 34.2%($P<0.05$)。秋冬季 T1 处理的平均土壤体积含水量分别高出 T2 和 T3 的 21.3% 和 29.7%($P<0.05$)。由此发现,春夏季各处理间的差异大于秋冬季,而且春夏季平均土壤含水量低于秋冬季,导致这种结果的原因是秋冬季太阳辐射低于春夏季,气温也低于春夏季,使得黄瓜的耗水受到了气候因子的抑制。

　　不同灌水处理下黄瓜生育期内日均 ET_c 变化规律如图 6-13 所示,春夏季和秋冬季日均 ET_c 变化规律相似,均表现为 T1>T2>T3。春夏季各处理黄瓜日均 ET_c 基本呈上升趋势,温室内气温的升高是导致黄瓜 ET_c 增大的主要驱动因子;在黄瓜生长发育期,T1、T2和 T3 处理下日均 ET_c 分别为 2.35～3.36 mm/d、2.02～2.51 mm/d 和 1.57～1.97 mm/d,该生长阶段不同灌水处理下日均 ET_c 增长缓慢,处理间差异较小;在黄瓜生长中期,T1、T2 和 T3 日均 ET_c 分别为 3.44～6.66 mm/d、2.87～5.55 mm/d 和 2.30～4.44 mm/d,该生长阶段 ET_c 随着气温的升高而增大;在黄瓜生长后期,T1、T2 和 T3 处理下日均 ET_c 分别为 3.43~5.64 mm/d、2.86~4.70 mm/d 和 2.23~3.76 mm/d,该生长阶段黄瓜产量较中期产量逐渐减小,黄瓜植株日均 ET_c 也随之降低。秋冬季各处理黄瓜日均 ET_c 变化趋势与春夏季类似,不同的是秋冬季日均 ET_c 普遍低于春夏季,主要原因是秋冬季进入 10~12月,温室内气温逐渐降低,对于喜热的黄瓜作物,植株生长受到低气温的抑制,导致日均 ET_c 减小;在黄瓜生长发育期,T1、T2 和 T3 处理下日均 ET_c 分别为 2.02~3.35 mm/d、1.62~2.53 mm/d 和 1.13~1.68 mm/d;在黄瓜生长中期,T1、T2 和 T3 处理下日均 ET_c 分别为 2.47~3.85 mm/d、2.05~2.89 mm/d 和 1.40~1.92 mm/d,该阶段由气温迅速降低,产量增加,ET_c 缓慢增大,但增长速度远远低于春夏季;在黄瓜生长后期,T1、T2 和 T3 处理下日均 ET_c 分别为 1.71~2.92 mm/d、1.29~2.38 mm/d 和 0.87~1.70 mm/d,该阶段由于气温很低,且黄瓜产量相比中期逐渐减小,植株日均 ET_c 也随之降低。

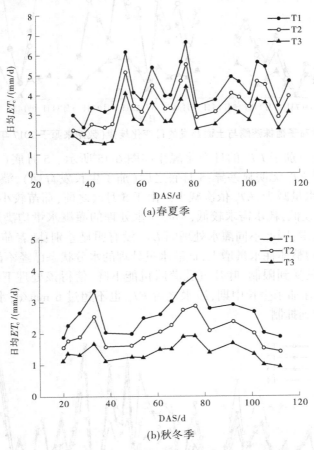

(a)春夏季

(b)秋冬季

图 6-13　不同灌水处理下黄瓜生育期内日均 ET_c 变化规律

6.4.2　灌水量对温室茄子耗水量的影响

本试验研究对茄子进行土面覆膜与不覆膜处理,分别观测覆膜、不覆膜茄子植株蒸腾蒸发(ET_c 和 T_r)及裸土蒸发(E_g)。试验观测期间覆膜、不覆膜及裸土蒸发的动态变化规律如图 6-14 所示。覆膜与不覆膜茄子 ET_c 非常接近,而裸土蒸发远低于覆膜与不覆膜茄子 ET_c。表明茄子生育期内 T_r 占全部耗水的主要部分。茄子生长初期茄苗较小,土面基本裸露,但由于该时期温室内气温较低,ET_c 总量较小(< 2 mm/d),并未占全生育期总耗水量较大比例。如图 6-14 所示,5 月上旬之前,灌溉水主要消耗于 E_g;5 月中旬开始,随着茄子的生长,土面基本被茄苗叶片覆盖,土壤水分主要消耗于 T_r。温室黄瓜整个生育期内 E_g 比较恒定,E_g 平均值为 2 mm/d,当茄苗叶片完全覆盖土面之后,由于土面不能接收辐射能量通量,E_g 值接近于 0。

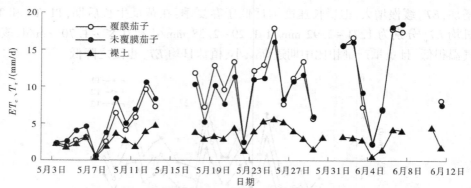

图 6-14　温室茄子植株蒸腾与土面蒸发的日变化规律(数据来源于 2017 年茄子生育期)

　　不同灌水处理下茄子 ET_c 的日变化规律如图 6-15 所示。5 月底(茄子苗期)之前不同灌水处理下茄子 ET_c 无明显差异;5 月底之后(茄子生长发育期),灌水量最多的 T1 处理 ET_c 最大,随灌水量减少,ET_c 依次减少。由于 5 月底之前,茄苗较小,灌溉水主要消耗于 E_g,且温室气温较低,耗水需求较低,不同灌水处理的灌溉水量均满足 E_g,影响耗水的主要因素为气象要素,因此不同灌水处理间 ET_c 没有明显差别;随着茄子的生长,茄苗 T_r 占主导作用,且作物整体耗水量增大,低灌水量处理的水分状态已经不能满足作物正常生长的需求,作物生长受到限制,叶片气孔蒸腾机能下降,使得该处理下作物 ET_c 减少,如图 6-15 所示,尽管在茄子生长中期,灌水之后 ET_c 也不超过 6 mm/d,水分胁迫使得茄子生长及蒸腾作用受到抑制。

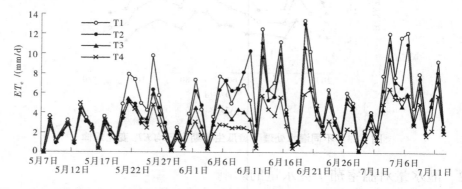

图 6-15　不同灌水处理下茄子生育期内 ET_c 的动态变化规律(数据为 2015 年茄子生育期)

　　为了评价不同灌水处理下茄子水分收支平衡关系,表 6-7 为不同灌水处理下茄子生育期内灌水量、ET_c 日均值及累计值。如表 6-7 所示，不同灌水处理下，茄子生育期 ET_c 总量分别为 339.8 mm、301.8 mm、252.7 mm 和 193.5 mm，对应的灌水量分别为 360.2 mm、307.2 mm、254.2 mm 和 201.2 mm。可以看出 T1 处理的灌水量明显高出 ET_c，多余的水分属于无效水分损失，T3 和 T4 灌水量与 ET_c 相当，但 ET_c 均低于 T2 和 T1 处理下 ET_c，表明水分亏缺抑制了茄子正常生长，使得 ET_c 降低。因此，推荐茄子 ET_c 与灌水量相当的 T2 处理为最佳灌水量处理。

表 6-7　不同灌水处理下茄子 ET_c 及灌溉水量累计值

日期	DAT	T1			T2			T3			T4		
		ET_c/(mm/d)	ET_c/mm	Irri.T1/mm	ET_c/(mm/d)	ET_c/mm	Irri.T2/mm	ET_c/(mm/d)	ET_c/mm	Irri.T3/mm	ET_c/(mm/d)	ET_c/mm	Irri.T4/mm
5 月 7 日	10		30.0			30.0			30.0			30.0	
5 月 17 日	20	2.6	28.8	20.4	2.2	24.3	16.3	2.3	25.7	12.2	2.4	26.4	8.2
5 月 22 日	25	5.3	26.7	20.4	3.5	17.5	16.3	3.9	19.3	12.2	3.4	17.1	8.2
5 月 27 日	30	4.6	23.1	20.4	3.5	17.5	16.3	3.2	15.8	12.2	2.4	11.8	8.2
6 月 2 日	36	3.3	19.8	20.4	3.0	17.7	16.3	2.3	13.7	12.2	1.5	9.2	8.2
6 月 6 日	40	5.9	23.6	20.4	5.8	23.0	16.3	3.8	15.3	12.2	2.5	10.1	8.2
6 月 10 日	44	4.9	19.5	28.5	6.9	27.8	24.5	3.2	12.8	20.4	2.0	7.8	16.3
6 月 13 日	47	8.7	26.0	28.5	7.4	22.1	24.5	7.4	22.2	20.4	4.6	13.9	16.3
6 月 16 日	50	5.5	16.6	28.5	5.0	14.9	24.5	4.4	13.3	20.4	2.9	8.8	16.3
6 月 20 日	54	7.4	29.7	28.5	6.7	27.0	24.5	5.5	22.0	20.4	4.5	18.0	16.3
6 月 23 日	57	4.3	12.9	28.5	3.8	11.5	24.5	3.5	10.6	20.4	2.2	6.7	16.3
7 月 1 日	65	3.7	29.5	28.5	3.3	26.6	24.5	2.8	22.5	20.4	1.9	15.6	16.3
7 月 5 日	69	10.9	43.6	28.5	9.0	35.8	24.5	6.5	26.2	20.4	5.8	23.3	16.3
7 月 9 日	73	5.7	18.8	28.5	5.2	18.0	24.5	4.8	17.3	20.4	3.5	11.8	16.3
总计			318.6	360.0		301.8	307.2		252.7	254.2		193.5	201.2

6.5　灌水量对温室黄瓜产量及 WUE 的影响

作物产量是指单位土地面积上作物群体的产量，由个体产量或产品器官数量所构成。作物产量可以分解为几个构成因素，并依作物种类而异，通常分为生物产量和经济产量。生物产量是指作物在生育期内通过光合作用和吸收作用，即通过物质和能量的转化所生产和累积的各种有机物的总量，计算生物产量时通常不包括根系。经济产量是指栽培目的所需要产品的收获量，即一般所指的产量，本章所涉及的产量皆为经济产量。影响作物产量的因素有土壤肥力、灌水量、气候条件、土壤质地及栽培模式等。有学者研究结果表明,当归的单株鲜重会随着土壤有机质和养分含量的增加而增加[178],还有学者认为在乌兰察布地区天然降雨是引起马铃薯产量变化的主要因素[181]。费良军等[184]研究表明在一定的灌水量范围内,樱桃西红柿产量随着灌水量的增加而增加,但是随着灌水量的进一步增加,产量却逐渐下降。作物不同生育阶段、不同程度的水分亏缺对作物生长发育产生不同的影响,最终将反映在不同灌水处理下作物的经济产量和 WUE 上,在温室栽培管理技术研究中,作物产量和 WUE 是筛选水分处理条件的决定性因素。

表 6-8 为不同灌水处理下不同种植季节黄瓜的产量、耗水量及 WUE。随着黄瓜灌水量的减少,黄瓜耗水量、产量和 WUE 均呈降低趋势。春夏季温室黄瓜的产量、耗水量和 WUE 分别为 51 062~104 598 kg/hm²、216. 22~331. 99 mm 和 23. 61~31. 50 kg/m³,秋冬季温室黄瓜的产量、耗水量和 WUE 分别为 16 295~62 586 kg/hm²、100. 29~192. 77 mm 和 16. 25~32. 47 kg/m³。三种灌水处理间黄瓜产量、耗水量和 WUE 差异显著,春夏季和秋冬季 T1 处理下黄瓜产量、耗水量和 WUE 均最高。春夏季 T1 处理的产量分别高出 T2 和 T3 处理的 28. 1% 和 104. 8%($P<0.05$),秋冬季 T1 处理下黄瓜产量分别高出 T2 和 T3 处理的 118. 1% 和 284. 1%($P<0.05$);春夏季 T1 处理的耗水量分别高出 T2 和 T3 处理的 21. 1% 和 53. 5%($P<0.05$),秋冬季 T1 处理的耗水量分别高出 T2 和 T3 的 31. 6% 和 92. 2%($P<0.05$);春夏季 T1 处理的 WUE 分别高出 T2 和 T3 的 5. 8% 和 33. 4%($P<0.05$),秋冬季 T1 处理的 WUE 分别高出 T2 和 T3 的 65. 7% 和 89. 8%($P<0.05$)。

表 6-8　不同灌水处理下不同种植季节黄瓜的产量、耗水量及 WUE

种植季节	处理	产量/(kg/hm²)	耗水量/mm	WUE/(kg/m³)
春夏季	T1	104 598a	331. 99a	31. 50a
	T2	81 625b	274. 11b	29. 78b
	T3	51 062c	216. 22c	23. 61c
秋冬季	T1	62 586a	192. 77a	32. 47a
	T2	28 694b	146. 45b	19. 59b
	T3	16 295c	100. 29c	16. 25c

注:同列数据后标不同小写字母者均表示差异达到显著水平($P<0.05$)。

图 6-16 为不同灌水处理下不同种植季节黄瓜生育期内产量的对比结果,图中前期、中期和后期的黄瓜果实产量分别对应黄瓜生长发育期、生长中期和后期。T1 处理下春夏季和秋冬季黄瓜产量在三个处理中最大,产量优势主要是在中期(生长中期)积累,三个灌水处理的前期产量(生长发育期)差异不明显,T1 与 T2 和 T3 处理的中期产量(生长中期)略有差异,原因可能是:黄瓜生长中期果实生长速度较快,随着果实的膨大,对水分的需求也逐渐增大,T1 处理的土壤平均含水量较高,黄瓜植株可以较为轻松地从土壤中获取水分用来满足植株生长的需求;而土壤含水量较低的 T2 和 T3 处理,不利于黄瓜植株吸收水分,不同的是 T2 处理能满足果实对水分的需求,而 T3 处理不能满足果实及植株的生长需求。

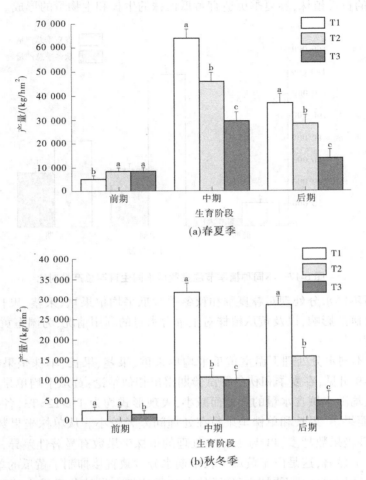

图 6-16　不同水分处理下黄瓜生育期内产量对比

不同生育阶段土壤含水量对春夏季黄瓜阶段产量的影响与秋冬季相似,春夏季 T2 和 T3 处理的前期产量均高于 T1 处理,而秋冬季结果与之相反,其原因是春夏季种植季节黄瓜是在 4 月中旬开始结果,而秋冬季于 9 月下旬,由于 9 月下旬的太阳辐射和气温要明显高于 4 月中旬,使得春夏季前期产量明显高于秋冬季。在黄瓜生长中期、后期,各处理间产量的表现形式均为 T1>T2>T3,且各处理间的差异较作物生长初期更为显著。

春夏季与秋冬季黄瓜生育期总产量对比如图 6-17 所示,图中黄瓜前期、中期和后期产量分别对应黄瓜生育期的生长发育期、生长中期和后期。春夏季和秋冬季两个种植季节黄瓜产量有明显差异,春夏季黄瓜总产量高于秋冬季:春夏季黄瓜前期产量高出秋冬季 69.6%($P<0.05$),春夏季黄瓜中期产量(生长中期)高出秋冬季 62.2%($P<0.05$),春夏季黄瓜后期产量高出秋冬季 37.3%($P<0.05$)。原因可能是春夏季黄瓜灌溉频率大于秋冬季,增大灌溉频率可能有利于黄瓜的增产。Saeed 等[182]研究了三种灌溉频率对高粱作物产量及 WUE 的影响,结果得出增加灌溉频率能使高粱作物产量及 WUE 显著提高;此外,在黄瓜中期和后期产量收获期(生长中期和后期),春夏季太阳辐射和气温远远高于秋冬

季,对于喜热的黄瓜植株,春夏季更适宜黄瓜植株的生长和生物量的形成。

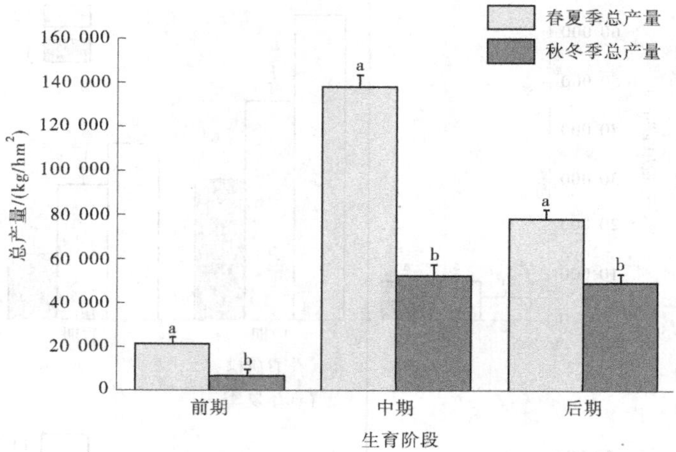

图 6-17　不同种植季节温室黄瓜不同生育期总产量对比

　　通过分析不同水分处理对春夏季和秋冬季黄瓜平均单果重、果茎、果长、单株坐果数和果实畸形比例的影响,以及黄瓜植株对土壤含水量的利用情况,为温室黄瓜植株选择适宜的灌溉制度。

　　表 6-9 为不同水分处理下温室黄瓜平均单果重、果茎、果长、单株坐果数和果实畸形比例。由表 6-9 可见,春夏季和秋冬季试验期得出相似结论:黄瓜平均单果重、果茎、果长和单株坐果数均随土壤含水量的降低而减小,表现形式均为 T1>T2>T3,各处理间单果重的差异较大,而果茎、果长和单株坐果数在处理间差异较小。从单株坐果数来看,土壤含水量越高,黄瓜坐果数越多,T1 与 T2、T3 处理的单株坐果数有显著性差异,而 T2 与 T3 处理间的差异性不显著,这是由于黄瓜生长中期水分亏缺直接抑制了黄瓜的单株坐果数,最终影响到黄瓜产量水平。不同生育阶段的水分亏缺都会导致黄瓜果实畸形比例增大,不同处理黄瓜果实畸形比例表现形式为 T3>T2>T1,且各处理间果实畸形比例差异显著。这可能是因为黄瓜生长中期和后期是黄瓜发育成型及成熟的重要时期,且生长中期黄瓜对水分需求量较大,过多的水分亏缺会导致黄瓜果实难以成型,最终导致黄瓜果实畸形及坏死,间接降低了经济价值。

表 6-9　不同水分处理对黄瓜产量及构成要素的影响

种植季节	处理	单果重/g	果茎/mm	果长/cm	畸形比例/%	单株坐果数/个
春夏季	T1	287.79a	35.51a	35.34a	6.95c	5±4a
	T2	266.63b	35.02a	34.13a	15.51b	5±3b
	T3	199.87c	31.95b	30.48b	29.23a	4±4b
秋冬季	T1	303.24a	36.91a	36.35a	7.12c	3±2a
	T2	253.37b	35.32a	33.30b	17.10b	2±1b
	T3	184.60c	31.62b	27.38c	34.33a	2±1b

注:同列数据后标不同小写字母者均表示差异达到显著水平($P<0.05$)。

6.6　小　结

　　本章研究了滴灌条件下不同灌水量处理对温室黄瓜、番茄和茄子生长特性的影响规律,分析了不同种植季节黄瓜、番茄及茄子生理指标(光合速率、气孔导度和茎流速率)对灌水量的响应规律,探讨了不同灌水量处理下黄瓜和番茄产量的差异,得出的具体结论如下:

　　(1)不同灌水量处理下黄瓜生长指标的变化趋势基本相似,株高与 LAI 在黄瓜生长中期达到最大值, T1、T2 和 T3 处理下春夏季黄瓜 LAI 最大值分别为 5.12、3.77 和 2.64,秋冬季分别为 4.66、3.73 和 3.1,不同灌水量处理对黄瓜株高和 LAI 影响显著,对黄瓜茎粗影响不大。不同灌水量处理对番茄生长指标的影响规律与黄瓜相似,但影响程度随土壤生物炭添加量的多少存在差异。

　　(2)不同灌水量处理下黄瓜叶片光合速率和气孔导度的日变化规律呈双峰型,春夏季光合速率双峰值比秋冬季峰值时间推迟了 1 h 左右。水分亏缺明显降低了黄瓜光合速率和气孔导度,导致黄瓜叶片气孔"午休"现象愈加明显。在 T1 和 T2 灌水量下施用生物炭可有效提高番茄叶片气孔导度和光合速率,施用生物炭处理相比无生物炭处理番茄叶片日平均光合速率分别提高 11.4%~54.8%。

　　(3)不同灌水量处理下春夏季和秋冬季黄瓜根系层土壤含水量变化趋势相似,表现形式为 T1>T2>T3。T1 处理下春夏季和秋冬季黄瓜生育期土壤含水量平均值分别为 0.339 cm^3/cm^3 和 0.337 cm^3/cm^3, T2 处理分别为 0.257 cm^3/cm^3 和 0.265 cm^3/cm^3, T3 处理分别为 0.223 cm^3/cm^3 和 0.237 cm^3/cm^3。不同灌水量处理下春夏季和秋冬季黄瓜日均 ET_c 表现规律相似,均为 T1>T2>T3,表明不同程度的水分亏缺对黄瓜生育期 ET_c 的抑制作用在生长中期和后期表现显著,而对于生长初期、发育期 ET_c 的抑制作用不显著。茄子生育期内茎流速率对灌水量处理表现出不同程度的响应特征,生长中后期茎流速率随灌水量的减少显著降低。

　　(4)随着灌水量的减小,黄瓜产量和 WUE 均呈降低趋势,各处理之间产量、耗水量和 WUE 差异明显。T1 处理下春夏季和秋冬季黄瓜的产量、耗水量和 WUE 均最高,依次大于 T2 和 T3。黄瓜生长中期重度水分亏缺的 T3 处理直接导致黄瓜严重减产。T1 灌水量条件下添加适量生物炭可以提高番茄产量,比无生物炭处理产量提高了 30.9%。在 T3 灌水量下,适量添加生物炭使番茄产量提高 83.7%,表明添加生物炭可以缓解由于水分亏缺造成的番茄减产。

第 7 章　结论与展望

7.1　主要结论

　　本研究基于农田实测微气象数据,分析了不同种植环境下微气象因子、农田水量收支和水热通量的变化特征,确定了环境因子对不同种植环境下农田潜热通量 λET 的影响作用;基于 Penman-Monteith 和 Priestley-Taylor 两种 λET 单源模型,分别对不同作物覆盖农田 λET 进行模拟,分别采用 Katerji-Perrier 和 Todorovic 两种冠层阻力参数子模型对冬小麦、夏玉米及茶树冠层阻力进行参数化研究,采用黄瓜叶片气孔阻力 r_s 与温室内气象因子的相关关系确定黄瓜冠层阻力,采用热传输系数法确定温室内低风速环境下的空气动力学阻力参数;基于田间实测数据分别对 Shuttleworth-Wallace 和 Dunal-Crop-Coefficient 模型中阻力参数和作物系数进行率定和修正,评价两种双源模型估算作物蒸腾及土面蒸发的准确性及适用性;分析了不同作物生育期内小时尺度及日尺度冠层温度及冠气温差的变化特征及影响因素,应用基于冠气温差的 Brown-Rosenberg 模型模拟了冬小麦和夏玉米生育期 λET ,并与 Penman-Monteith 模型模拟结果及实测 λET 进行对比;分析了不同灌水量对温室黄瓜、番茄和茄子生长特性、生理指标(光合速率、气孔导度和茎流速率)的影响规律,探讨了不同灌水处理下黄瓜和番茄产量的差异,得出的具体结论如下:

　　(1)不同种植环境产生不同的农田小气候特征,温室内净辐射比大田环境净辐射低72%,不同作物生育期内净辐射 R_n 主要通过 λET 消耗,温室黄瓜全生育期内 λET 占 R_n 的比例为93%,茶树生长初期和中期 λET 占 R_n 的比例为66%,冬小麦全生育期内 λET 占 R_n 的比例为48%。大田与温室环境下作物能量分配具有不同的变化特征; R_n 是驱动农田生态系统运转的源动力,对农田 λET 的影响主要体现在直接作用上,其余因子均主要体现为通过 R_n 路径对农田 λET 产生间接影响。

　　(2)大田条件下 Katerji-Perrier 和 Todorovic 两种冠层阻力参数子模型在模拟冬小麦 λET 中均取得了较高的精度,Todorovic 模型在模拟夏玉米 λET 时误差相对较大,不同模型的误差均随着 VPD 的增大而增大。Katerji-Perrier 冠层阻力参数子模型可以成功应用于 Penman-Monteith 模型准确地模拟苏南地区冬小麦和夏玉米 λET 。温室内绝大多数时段为混合对流,当采用对流理论确定空气动力学阻力参数 r_a 过程中冠层温度和风速资料较难获取时,r_a 可取 $200 \sim 250$ s/m。基于 Penman-Monteith 模型可较准确地模拟温室黄瓜生长中期 λET ,但高估了其他三个生长阶段的 λET 。Priestley-Taylor 模型中系数 α 的平均值为 1.20 ,α 在一年内具有周期性的演变规律,α 值采用月均值可明显提高模型模拟精度。

（3）通过气象因子和 r_a 构建了大田作物冠层阻力参数的非线性模型，基于太阳辐射与叶片气孔阻力参数 r_s 的指数函数及尺度变换方法确定了温室内黄瓜作物冠层阻力，通过土壤表面阻力与土壤饱和含水量及实际含水量的比值的指数函数关系确定的 Shuttleworth-Wallace 双源模型土面蒸发阻力参数，可以成功应用于估算大田及温室作物蒸腾及蒸发量，估算茶园 ET_c 的 RMSE 和 Bias 平均值分别为 0.47 mm/d 和 0.09；采用冠层覆盖度系数计算的 Dunal-Crop-Coefficient 模型中基础作物系数使得 Revised-Dunal-Crop-Coefficient 模型严重高估茶园 ET_c，RMSE 和 Bias 平均值分别为 1.16 mm/d 和 0.41；Shuttleworth-Wallace 与 Revised-Dunal-Crop-Coefficient 模型均可准确地模拟温室黄瓜和冬小麦 ET_c，但 Shuttleworth-Wallace 模型估算精度更高。

（4）冬小麦和夏玉米冠层温度日变化特征较为明显，白天均呈先上升后下降的单峰变化趋势，冬小麦冠气温差与深层土壤含水量的相关性较浅层土壤更高，而夏玉米冠气温差与深层土壤含水量的相关性较浅层土壤低；不同作物冠气温差均与 T_a 和 R_n 呈显著正相关，与 RH 呈显著负相关，与 u 均未达到显著性水平。冠气温差与冬小麦旗叶净光合速率的相关性较高，Brown-Rosenberg 模型模拟冬小麦小时尺度 λET 取得了较高的精度，RMSE 值为 43.78~58.97 W/m²，Brown-Rosenberg 模型模拟冬小麦稀疏冠层和稠密冠层下 λET 的相对误差分别为 -6.4%~12.5% 和 -1.8%~8.1%，模拟夏玉米小时尺度 λET 与实测值的 RMSE 为 62.13 W/m²，Brown-Rosenberg 模型略微低估了夏玉米 λET 值，在模拟冬小麦和夏玉米 λET 时，Brown-Rosenberg 模型精度均低于 Penman-Monteith 模型。温室黄瓜生育期内小时及日尺度 T_c 与 T_a 均具有相同的变化趋势，当 $T_a < 20 ℃$ 时，T_c 接近 T_a，T_c 随着 T_a 的升高而升高，$T_c - T_a$ 达到最小值。当温室内 VPD 较小（<1.0 kPa）时，T_c 随着 VPD 的增大迅速增大；在 VPD>1.0 kPa 之后，T_c 继续随着 VPD 的增大而增大，但增速明显变缓。$T_c - T_a$ 随着 T_a 的增大具有增大的趋势。观测期间 T_c 比 T_a 平均低 1.41 ℃，生育期内 $T_c - T_a$ 的最大值为 0.12 ℃，最小值为 -3.85 ℃。

（5）不同灌水量处理下黄瓜和番茄生长指标的增长趋势基本相似，灌水量对黄瓜株高、LAI 影响显著，对黄瓜茎粗影响不大，不同灌水量处理下黄瓜叶片光合速率和气孔导度的日变化规律呈双峰型，水分亏缺明显降低黄瓜光合速率和气孔导度，导致黄瓜叶片气孔"午休"现象愈加明显，不同灌水量处理下黄瓜土壤根系层含水量及日均 ET_c 变化趋势相似，水分亏缺对黄瓜生长中期和后期 ET_c 的抑制作用尤为显著，对于生长初期和发育期 ET_c 抑制作用不显著，黄瓜产量和 WUE 均随着灌水量的减小呈降低趋势，各处理之间产量、耗水量和 WUE 差异明显；茄子生育期内茎流速率对灌水量处理表现出不同程度响应，生长中后期茎流速率随灌水量的减少显著降低，低灌水量处理下，土壤添加生物炭可缓解由于水分亏缺造成的作物减产。

7.2 研究展望

我国是农业大国，水资源短缺、洪涝灾害频繁发生，开展不同种植条件下农田水热通量的观测与模拟研究,对于应对气候环境变化、保障粮食安全具有重要的理论与现实意义。针对目前相关研究存在的技术问题,建议加强以下两方面的研究:

(1)作物生长过程及农田蒸腾蒸发过程对全球未来气候环境变化的响应机制研究。

(2)未来气候环境变化背景下,我国主要粮食作物生长及产量与农田水文过程的互馈机制研究。

参考文献

[1] 陆红娜,康绍忠,杜太生,等. 农业绿色高效节水研究现状与未来发展趋势[J]. 农学学报, 2018, 8 (1): 155-162.

[2] Niu G, Li Y P, Huang G H, et al. Crop planning and water resource allocation for sustainable development of an irrigation region in China under multiple uncertainties[J]. Agricultural Water Management, 2016, 166: 53-69.

[3] 文建川. 双季稻水热传输特征及冠层阻力模型在蒸散模拟中的应用研究[D]. 南京:南京信息工程大学, 2020.

[4] 丁日升,康绍忠,张彦群,等. 干旱内陆区玉米田水热通量特征及主控因子研究[J]. 水利学报, 2014, 45(3): 312-319.

[5] 张宝忠,许迪,刘钰,等. 多尺度蒸散发估测与时空尺度拓展方法研究进展[J]. 农业工程学报, 2015(6): 8-16.

[6] 张劲松,孟平,尹昌君. 植物蒸散耗水量计算方法综述[J]. 世界林业研究, 2001, 14(2): 23-28.

[7] 康绍忠,蔡焕杰. 农业水管理学[M]. 北京:农业出版社, 1996.

[8] 刘绍民,孙中平,李小文,等. 蒸散量测定与估算方法的对比研究[J]. 自然资源学报, 2003, 18 (2): 161-167.

[9] Zhang B, Xu D, Liu Y, et al. Multi-scale evapotranspiration of summer maize and the controlling meteorological factors in north China[J]. Agricultural and Forest Meteorology, 2016, 216: 1-12.

[10] Zhou L, Wang Y, Jia Q, et al. Evapotranspiration over a rainfed maize field in northeast China: How are relationships between the environment and terrestrial evapotranspiration mediated by leaf area?[J]. Agricultural Water Management, 2019, 221: 538-546.

[11] 高红贝. 黑河中游绿洲农田水热平衡分析[D]. 北京:中国科学院研究生院(教育部水土保持与生态环境研究中心), 2015.

[12] Campos S, Mendes K R, Silva L, et al. Closure and partitioning of the energy balance in a preserved area of a Brazilian seasonally dry tropical forest[J]. Agricultural and Forest Meteorology, 2019, 271: 398-412.

[13] Srivastava R K, Panda R K, Chakraborty A, et al. Comparison of actual evapotranspiration of irrigated maize in a sub-humid region using four different canopy resistance based approaches[J]. Agricultural water management, 2018, 202: 156-165.

[14] 郑重,马富裕,李江全,等. 农田水量平衡法和BP神经网络法预测土壤墒情的对比[J]. 石河子大学学报(自然科学版), 2007(6): 103-107.

[15] 丰尔蔓. 灌区实时灌溉预报和用水计划的研究[D]. 杨凌:西北农林科技大学, 2020.

[16] 汪秀敏. 农田蒸散量测定与计算方法研究[D]. 南京:南京信息工程大学, 2012.

[17] 王卫华,邢旭光,吴忠东,等. 作物蒸发蒸腾量计算方法研究与展望[J]. 安徽农业科学, 2013, 41 (28): 11255-11258.

[18] 杨晓君. 科尔沁沙地沙丘和草甸生态系统水热碳通量特征研究[D]. 呼和浩特:内蒙古农业大学, 2020.

[19] Bowen I S. The Ratio of Heat Losses by Conduction and by Evaporation from any Water Surface[J]. Physical Review, 1926, 27(6).

[20] Heilman J, Brittin C, Neale C. Fetch requirements for Bowen ratio measurements of latent and sensible heat fluxes[J]. Agricultural and Forest Meteorology, 1989, 44(3): 261-273.

[21] 原文文. 涡度相关观测的能量闭合及其对人工混交林蒸散测定的影响[D]. 北京:北京林业大学, 2015.

[22] Todd R W, Evett S R, Howell T A. The Bowen ratio-energy balance method for estimating latent heat flux of irrigated alfalfa evaluated in a semi-arid, advective environment[J]. Agricultural and Forest Meteorology, 2000, 103(4): 335-348.

[23] Gavilán P, Berengena J. Accuracy of the Bowen ratio-energy balance method for measuring latent heat flux in a semiarid advective environment[J]. Irrigation Science, 2007, 25(2): 127-140.

[24] Pauwels V R, Samson R. Comparison of different methods to measure and model actual evapotranspiration rates for a wet sloping grassland[J]. Agricultural Water Management, 2006, 82(1): 1-24.

[25] Penman H L. Natural Evaporation from Open Water, Bare Soil and Grass[J]. Proceedings of the Royal Society of London, 1948, 193(1032): 120-145.

[26] Penman H L. Evaporation: an introductory survey[J]. Netherlands Journal of Agricultural Science, 1956, 4(1): 9-29.

[27] Monteith J L. Evaporation and environment, 19th Symposia of the Society for Experimental Biology[J]. University Press, Cambridg, 1965, 19: 206-234.

[28] Farahani H, Bausch W. Performance of evapotranspiration models for maize—bare soil to closed canopy [J]. Transactions of the ASAE, 1995, 38(4): 1049-1059.

[29] Rana G, Katerji N, Mastrorilli M, et al. A model for predicting actual evapotranspiration under soil water stress in a Mediterranean region[J]. Theoretical and applied Climatology, 1997, 56(1): 45-55.

[30] Gong X, Liu H, Sun J, et al. A proposed surface resistance model for the Penman-Monteith formula to estimate evapotranspiration in a solar greenhouse[J]. Journal of Arid Land, 2017, 9(4): 530-546.

[31] Yan H F, Zhang, C, Gerrits M C, et al. Parametrization of aerodynamic and canopy resistances for modeling evapotranspiration of greenhouse cucumber[J]. Agricultural and forest meteorology, 2018, 262: 370-378.

[32] 余婷,崔宁博,张青雯,等. 中国西北地区日参考作物腾发量模型适用性评价[J]. 排灌机械工程学报, 2019, 37(8): 710-717.

[33] 李晨,李王成,董亚萍,等. 宁夏地区潜在蒸散发变化特征及成因分析[J]. 排灌机械工程学报, 2021, 39(2): 186-192.

[34] Shuttleworth W J, Wallace J. Evaporation from sparse crops-an energy combination theory[J]. Quarterly Journal of the Royal Meteorological Society, 1985, 111(469): 839-855.

[35] Gong X W, Liu H, Sun J S, et al. Comparison of Shuttleworth-Wallace model and dual crop coefficient method for estimating evapotranspiration of tomato cultivated in a solar greenhouse[J]. Agricultural Water Management, 2019, 217(380): 141-153.

[36] Huang S, Yan H F, Zhang C, et al. Modeling evapotranspiration for cucumber plants based on the Shuttleworth-Wallace model in a Venlo-type greenhouse[J]. Agricultural Water Management, 2020, 228: 105861.

[37] 包永志. 科尔沁沙地不同地貌-土壤-植被组合单元蒸散发模拟及组分拆分研究[D]. 呼和浩特: 内蒙古农业大学, 2019.

[38] 陈滇豫. 黄土高原雨养枣园耗水规律及修剪调控研究[D]. 杨凌:西北农林科技大学, 2018.

[39] Liu X, Xu J, Wang W, et al. Modeling rice evapotranspiration under water-saving irrigation condition:

Improved canopy-resistance-based[J]. Journal of Hydrology, 2020, 590: 125435.

[40] 赵娜娜,刘钰,蔡甲冰,等. 双作物系数模型 SIMDual-Kc 的验证及应用[J]. 农业工程学报, 2011, 27(2): 89-95.

[41] 郑珍,王子凯,蔡焕杰. 基于 SIMDual-Kc 模型估算非充分灌水条件下冬小麦蒸散量[J]. 排灌机械工程学报, 2020, 38(2): 212-216.

[42] 闫浩芳,毋海梅,张川,等. 基于修正双作物系数模型估算温室黄瓜不同季节腾发量[J]. 农业工程学报, 2018, 34(15): 117-125.

[43] 张福娟,崔宁博,赵璐,等. 西北地区冬小麦腾发量估算模型适用性评价[J]. 排灌机械工程学报, 2020, 38(12): 1290-1296.

[44] 王云霏. 半湿润易旱区冬小麦/夏玉米农田水碳通量观测与模拟[D]. 杨凌:西北农林科技大学, 2020.

[45] 王纯枝,宇振荣,孙丹峰,等. 夏玉米冠气温差及其影响因素关系探析[J]. 土壤通报, 2006(4): 651-658.

[46] Brown K W, Rosenberg N J. A Resistance Model to Predict Evapotranspiration and Its Application to a Sugar Beet Field[J]. Agronomy Journal, 1973, 65(3).

[47] 蔡焕杰,熊运章,邵明安. 计算农田蒸散量的冠层温度法研究[J]. 中国科学院水利部西北水土保持研究所集刊(SPAC 中水分运行与模拟研究专集), 1991(1): 57-65.

[48] 赵华,申双和,华荣强,等. Penman-Monteith 模型中水稻冠层阻力的模拟[J]. 中国农业气象, 2015, 36(1): 17-23.

[49] 李召宝. 冬小麦和夏玉米气孔阻力与冠层阻力监测与估算方法研究[D]. 武汉:华中农业大学, 2010.

[50] 董斌,孙宁宁,罗金耀. 基于棚内气象数据的冬季大棚番茄蒸腾计算[J]. 武汉大学学报(工学版), 2009, 42(5): 601-604.

[51] 李璐,李俊,同小娟,等. 不同冠层阻力公式在玉米田蒸散模拟中的应用[J]. 中国生态农业学报, 2015, 23(130): 1026-1034.

[52] 李玲. 不同冠层阻力模型在半干旱区玉米生态系统蒸散发的应用研究[D]. 兰州:兰州大学, 2019.

[53] 吴林,刘兴冉,闵雷雷,等. 黑河中游绿洲区玉米冠层阻抗的环境响应及模拟[J]. 中国生态农业学报, 2017, 25(2): 247-257.

[54] 文建川,景元书,韩丽娟. 基于 Penman-Monteith 模型的低丘红壤区稻田蒸散模拟[J]. 中国农业气象, 2020, 41(4): 201-210.

[55] 刘涛,仲晓春,孙成明. 作物温度及其监测技术研究进展[J]. 中国农业科技导报, 2017, 19(12): 59-66.

[56] 赵扬博,全道斌,王景才,等. 基于冠层温度的水稻关键生育期缺水诊断[J]. 排灌机械工程学报, 2018, 36(10): 931-936.

[57] 彭世彰,徐俊增,丁加丽,等. 节水灌溉条件下水稻叶气温差变化规律与水分亏缺诊断试验研究[J]. 水利学报, 2006(12): 1503-1508.

[58] Blum A, Shpiler L, Golan G, et al. Yield stability and canopy temperature of wheat genotypes under drought-stress[J]. Field Crops Research, 1989, 22(4): 289-296.

[59] 黄景华,李秀芬,孙岩,等. 春小麦冠层温度分异特性的研究及其冷型基因型筛选[J]. 黑龙江农业科学, 2005(1): 15-18.

[60] 刘云,宇振荣,孙丹峰,等. 冬小麦冠气温差及其影响因子研究[J]. 农业工程学报, 2004(3): 63-

69.

[61] 刘婵. 温室番茄生长期水分诊断研究[D]. 北京:中国科学院研究生院(教育部水土保持与生态环境研究中心), 2012.

[62] 诸葛爱燕, 曲正伟, 周春菊, 等. 冬小麦冠层温度及其生物学性状对施氮量的反映[J]. 干旱地区农业研究, 2010, 28(3): 148-154.

[63] 于春阳. 不同温度型花生光合特性及产量相关性状之研究[D]. 杨凌:西北农林科技大学, 2010.

[64] 徐银萍, 宋尚有, 樊廷录. 旱地冬小麦扬花至灌浆期冠层温度与产量和水分利用效率的关系[J]. 甘肃农业科技, 2013, 451(7): 21-26.

[65] 殷文, 柴强, 于爱忠, 等. 间作小麦秸秆还田对地膜覆盖玉米灌浆期冠层温度及光合生理特性的影响[J]. 中国农业科学, 2020, 53(23): 4764-4776.

[66] 彭程澄. 不同冠层温度类型水稻叶片气孔特征及其与产量生理关系研究[D]. 沈阳:沈阳农业大学, 2020.

[67] 谭承轩. 基于无人机多光谱遥感的大田玉米土壤含水率估算模型研究[D]. 杨凌:西北农林科技大学, 2020.

[68] 徐烈辉, 牟汉书, 王景才, 等. 基于冠气温差的淮北地区水稻日需水量估算模型研究[J]. 灌溉排水学报, 2020, 39(3): 119-125.

[69] 郑文强, 岳春芳, 曹伟. 基于冠气温差的阿克苏成龄红枣缺水诊断及预测[J]. 新疆农业科学, 2019, 56(12): 2256-2262.

[70] 孙圣, 张劲松, 孟平, 等. 基于无人机热红外图像的核桃园土壤水分预测模型建立与应用[J]. 农业工程学报, 2018, 34(16): 89-95.

[71] 黄凌旭, 蔡甲冰, 白亮亮, 等. 利用作物冠气温差估算农田蒸散量[J]. 中国农村水利水电, 2016, 406(8): 76-82.

[72] Katerji N, Perrier A, Renard D, et al. Modélisation de l'évapotranspiration réelle ETR d'une parcelle de luzerne: rôle d'un coefficient cultural[J]. Agronomie, 1983, 3(6): 513-521.

[73] Todorovic M. Single-layer evapotranspiration model with variable canopy resistance[J]. Journal of Irrigation and Drainage Engineering, 1999, 125(5): 235-245.

[74] 赵宝山. 大田及温室条件下作物蒸发蒸腾模型及参数的研究[D]. 镇江:江苏大学, 2019.

[75] Fan Y, Ding R, Kang S, et al. Plastic mulch decreases available energy andevapotranspiration and improves yield and water use efficiency in an irrigated maize cropland[J]. Agricultural water management, 2017, 179: 122-131.

[76] 黄松. 苏南地区典型作物蒸腾和土面蒸发模型及参数的研究[D]. 镇江:江苏大学, 2020.

[77] Suyker A E, Verma S B. Interannual water vapor and energy exchange in an irrigated maize-based agroecosystem[J]. Agricultural and Forest Meteorology, 2008, 148(3): 417-427.

[78] 史桂芬. 黄淮海平原典型冬小麦农田生态系统水热通量及能量平衡研究[D]. 开封:河南大学, 2016.

[79] 王占彪, 王猛, 尹小刚, 等. 近50年华北平原冬小麦主要生育期水热时空变化特征分析[J]. 中国农业大学学报, 2015, 20(5): 16-23.

[80] 胡洵瑸, 王靖, 冯利平. 华北平原冬小麦各生育阶段农业气候要素变化特征分析[J]. 中国农业气象, 2013, 34(3): 317-323.

[81] 曹永强, 王怡涵, 冯兴兴, 等. 河北省夏玉米不同生育期干旱时空分析[J]. 华北水利水电大学学报(自然科学版), 2020, 41(4): 1-9.

[82] 刘春晓, 吕建华, 王昊, 等. 鲁中地区夏玉米主要生育期和产量对气候变化的响应[J]. 山东农业科

学，2020，52(10)：48-55.

[83] Rana G, Katerji N, Mastrorilli M, et al. Validation of a model of actual evapotranspiration for water stressed soybeans[J]. Agricultural and Forest Meteorology, 1997, 86(3)：215-224.

[84] Rana G, Katerji N, Mastrorilli M, et al. Evapotranspiration and canopy resistance of grass in a Mediterranean region[J]. Theoretical & Applied Climatology, 1994, 50(1)：61-71.

[85] Alves I, Pereira L S. Modelling surface resistance from climatic variables? [J]. Agricultural Water Management, 2000, 42(3)：371-385.

[86] Katerji N, Rana G. Modelling evapotranspiration of six irrigated crops under Mediterranean climate conditions[J]. Agricultural and Forest Meteorology, 2006, 138(1)：142-155.

[87] Katerji N, Rana G, Fahed S. Parameterizing canopy resistance using mechanistic and semi-empirical estimates of hourly evapotranspiration：critical evaluation for irrigated crops in the Mediterranean[J]. Hydrological Processes, 2011, 25(1)：117-129.

[88] Liu G, Liu Y, Hafeez M, et al. Comparison of two methods to derive time series of actual evapotranspiration using eddy covariance measurements in the southeastern Australia[J]. Journal of hydrology, 2012, 454：1-6.

[89] Gharsallah O, Facchi A, Gandolfi C. Comparison of six evapotranspiration models for a surface irrigated maize agro-ecosystem in Northern Italy[J]. Agricultural water management, 2013, 130：119-130.

[90] Margonis A, Papaioannou G, Kerkides P, et al. Canopy resistance and actual evapotranspiration over an olive orchard[J]. Water resources management, 2018, 32(15)：5007-5026.

[91] Shi T, Guan D, Wang A, et al. Comparison of three models to estimate evapotranspiration for a temperate mixed forest[J]. Hydrological Processes：An International Journal, 2008, 22(17)：3431-3443.

[92] 蔡甲冰,刘钰,雷廷武,等. 精量灌溉决策定量指标研究现状与进展[J]. 水科学进展, 2004(4)：531-537.

[93] 王纯枝,宇振荣,毛留喜,等. 基于能量平衡的华北平原农田蒸散量的估算[J]. 中国农业气象, 2008(1)：42-46.

[94] 蔡甲冰,刘钰,许迪,等. 基于作物冠气温差的精量灌溉决策研究及其田间验证[J]. 中国水利水电科学研究院学报, 2007(4)：262-268.

[95] Nikolaou G, Neocleous D, Kitta E, et al. Estimation of Aerodynamic and Canopy Resistances in a Mediterranean Greenhouse Based on Instantaneous Leaf Temperature Measurements[J/OL]. Agronomy, 2020. https://www.mdpi.com/2073-4395/10/12/1985.

[96] 司南. 北京大兴区冬小麦冠层温度变化规律及相关影响因素研究[D]. 泰安:山东农业大学, 2016.

[97] 李泓. 马尼拉草坪冠气温差时间变化特征及其环境影响因子的研究[D]. 河北:河北农业大学, 2012.

[98] 邓娟娟. 高羊茅草坪草冠气温差时间变化特征及其水分利用效率的研究[D]. 河北:河北农业大学, 2014.

[99] 崔静. 基于CWSI的滴灌冬小麦水分状况监测与诊断技术研究[D]. 石河子:石河子大学, 2020.

[100] 邱让建,杨再强,景元书,等. 轮作稻麦田水热通量及影响因素分析[J]. 农业工程学报, 2018, 34(17)：82-88.

[101] Allen Richard G, Pereira Luis S, Raes Dirk, et al. Crop evapotranspiration Guidelines for computing crop water requirements[J]. Irrigation and Drainage, FAO, 1998, 56. 300.

[102] Preiestley C H B, Taylor R J. On the assessment of surface heat flux and evaporation using large scale

parameters[J]. MonthlyWeather Review, 1972, 100(2): 81-92.

[103] Qiu R, Kang S, Du T, et al. Effect of convection on the Penman-Monteith model estimates of transpiration of hot pepper grown in solar greenhouse[J]. Scientia Horticulturae, 2013, 160(3):163-171.

[104] 王健,蔡焕杰,李红星,等. 日光温室作物蒸发蒸腾量的计算方法研究及其评价[J]. 灌溉排水学报,2006,(6):11-14.

[105] Bailey B J, Montero J I, Biel C, et al. Transpiration ofFicus benjamina: comparison of measurements with predictions of the Penman-Monteith model and a simplified version[J]. Agricultural & Forest Meteorology, 1993, 65(3-4):229-243.

[106] Stanghellini C. Transpiration of greenhouse crops. An aid to climate management[J]. Wageningen: IMAG, 1987:150.

[107] Villarreal-Guerrero F,Kacira M, Fitz-Rodríguez E, et al. Comparison of three evapotranspiration models for a greenhouse cooling strategy with natural ventilation and variable high pressure fogging[J]. Scientia Horticulturae, 2012, 134(2):210-221.

[108] Jolliet O, Bailey B J. The effect of climate on tomato transpiration in greenhouses: measurements and models comparison[J]. Agricultural & Forest Meteorology, 1992, 58(1-2):43-62.

[109] Yang X, Short T H, Fox R D, et al. Transpiration, leaf temperature andstomatal resistance of a greenhouse cucumber crop[J]. Agricultural & Forest Meteorology, 1990, 51(3):197-209.

[110] Katerji N, Perrier A. A model of actual evapotranspiration for a field of lucerne—the role of a crop coefficient. Agronomie,1983,3: 513-521.

[111] 闫浩芳,史海滨,薛铸,等. 内蒙古河套灌区 ET_0 不同计算方法的对比研究[J].农业工程学报, 2008(4):103-106.

[112] Fernández M D, Bonachela S, Orgaz F, et al. Measurement and estimation of plastic greenhouse reference evapotranspiration in a Mediterranean climate[J]. Irrigation Science, 2010, 28(6):497-509.

[113] Fernández M D, Bonachela S, Orgaz F, et al. Erratum to: Measurement and estimation of plastic greenhouse reference evapotranspiration in a Mediterranean climate[J]. Irrigation Science, 2011, 28(1): 91-92.

[114] Rouphael Y, Colla G. Modelling the transpiration of a greenhouse zucchini crop grown under a Mediterranean climate using the Penman-Monteith equation and its simplified version[J]. Crop & Pasture Science, 2004, 55(9):931-937.

[115] 邱让建,杜太生,刘春伟,等.温室作物蒸散发估算模型研究进展[J].灌溉排水学报,2015,34(z2):134-139.

[116] Morille B, Migeon C, Bournet P E. Is the Penman-Monteith model adapted to predict crop transpiration under greenhouse conditions? Application to a New Guinea Impatiens crop[J]. Scientia Horticulturae, 2013, 152(152):80-91.

[117] Allen R G, Pruitt W O, Wright J L, et al. A recommendation on standardized surface resistance for hourly calculation of reference ET_0 by the FAO56 Penman-Monteith method[J]. Agricultural Water Management, 2006, 81(1-2):1-22.

[118] 罗卫红,汪小旵,戴剑峰,等. 南方现代化温室黄瓜冬季蒸腾测量与模拟研究[J]. 植物生态学报, 2004,28(1):59-65.

[119] Perrier A. Etude physique del′évapotranspiration dans les conditions naturelles. Ⅲ. Evapotranspiration réelle et potentielle des couverts végétaux[C]//Annalesagronomiques, 1975.

[120] Yan H F, Zhang C,Oue H, et al. Determination of crop and soil evaporation coefficients for estimating

evapotranspiration in a paddy field[J]. International Journal of Agricultural and Biological Engineering, 2017, 10(4):130-139.

[121] Lecina S, Martı′hez-Cob A, P. J. Pérez, et al. Fixed versus variable bulk canopy resistance for reference evapotranspiration estimation using the Penman-Monteith equation under semiarid conditions[J]. Agricultural Water Management, 2003, 60(3):181-198.

[122] Steduto P, Todorovic M, Caliandro A, et al. Daily reference evapotranspiration estimates by the Penman-Monteith equation in Southern Italy. Constant vs. variable canopy resistance[J]. Theoretical and Applied Climatology, 2003, 74(3-4):217-225.

[123] 赵玲玲,王中根,夏军,等. Priestley-Taylor 公式的改进及其在互补蒸发蒸腾模型中的应用[J]. 地理科学进展,2011,30(7):805-810.

[124] Katerji N, Mastrorilli M, Rana G. Water use efficiency of crops cultivated in the Mediterranean region: Review and analysis[J]. European Journal of Agronomy, 2008, 28(4):493-507.

[125] Burba G G, Verma S B. Seasonal and interannual variability in evapotranspiration of native tallgrass prairie and cultivated wheat ecosystems[J]. Agricultural and Forest Meteorology, 2005, 135(1-4): 190-201.

[126] Fisher J B, Debiase T A, Qi Y, et al. Evapotranspiration models compared on a Sierra Nevada forest ecosystem[J]. Environmental Modelling & Software, 2005, 20(6):783-796.

[127] Zhu G F, Li X, Su Y H, et al. Simultaneously assimilating multivariate data sets into the two-source-evapotranspiration model by Bayesian approach: application to spring maize in an arid region of northwestern China[J]. Geoscientific Model Development, 2014, 7(4): 1467-1482.

[128] 邱让建. 温室环境下土壤—植物系统水热动态与模拟[D]. 北京:中国农业大学,2005.

[129] Möller M, Tanny J, Li Y, et al. Measuring and predicting evapotranspiration in an insect-proof screenhouse[J]. Agricultural and Forest Meteorology, 2004, 127: 35-51.

[130] 康绍忠. 农业水土工程概论[M]. 北京:中国农业出版社,2007.

[131] 龚雪文. 温室滴灌条件下土壤—作物系统水热传输与模拟[D]. 北京:中国农业科学院,2017.

[132] Allen R G, Pereira L S, Howell T A, et al. Evapotranspiration information reporting: I. Factors governing measurement accuracy[J]. Agricultural Water Management, 2011, 98(6): 899-920.

[133] Yan H F, Zhang C ,Peng G J, et al. Modelling canopy resistance for estimating latent heat flux at a tea field in South China[J]. Experimental Agriculture, 2017, 54(4): 563-576.

[134] Ortega-Farias S, Poblete-Echeverria C, Brisson N. Parameterization of a two-layer model for estimating vineyard evapotranspiration using meteorological measurements[J]. Agricultural and Forest Meteorology, 2010, 150: 276-286.

[135] Zhao P, Li S E, Li F S, et al. Comparison of dual crop coefficient method and Shuttleworth-Wallace model in evapotranspiration partitioning in a vineyard of northwest China[J]. Agricultural Water Management, 2015, 160: 41-56.

[136] Li X Y, Yang P,Ren S M, et al. Modeling cherry orchard evapotranspiration based on an improved dual-source model[J]. Agricultural Water Management, 2010, 98(1), 12-18.

[137] Qiu R J, Du T S , Kang S Z, et al. Assessing the SIMDualKc model for estimating evapotranspiration of hot pepper grown in a solar greenhouse in northwest china[J]. Agricultural Systems, 2015, 138: 1-9.

[138] Zhao P, Kang S Z, L S E, et al. Seasonal variations in vineyard ET partitioning and dual crop coefficients correlate with canopy development and surface soil moisture[J]. Agricultural Water Management, 2018, 197: 19-33.

[139] 许迪,刘钰,杨大文,等. 蒸散发尺度效应与时空尺度拓展[M]. 北京:科学出版社,2015.

[140] Ding R, Kang S, Li F, et al. Evapotranspiration measurement and estimation using modified Priestley-Taylor model in an irrigated maize field with mulching[J]. Agricultural & Forest Meteorology, 2013, 168(1):140-148.

[141] Yan H F, Acquah S J, Zhang C, et al. Energy partitioning of greenhouse cucumber based on the application of Penman-Monteith and Bulk Transfer models[J]. Agricultural Water Management, 2019, 217: 201-211.

[142] Oue H. Influences of meteorological and vegetational factors on the partitioning of the energy of a rice paddy field[J]. Hydrological Processes, 2005, 19(8): 1567-1583.

[143] Lee X, Yu Q, Sun X, et al. Micrometeorological fluxes under the influence of regional and local advection:a revisit[J]. Agricultural and Forest Meteorology,2004, 122(1-2): 111-124.

[144] 蔡甲冰,许迪,刘钰,等. 冬小麦返青后腾发量时空尺度效应的通径分析[J]. 农业工程学报, 2011,27(8):69-76.

[145] 杜家菊,陈志伟. 使用SPSS线性回归实现通径分析的方法[J]. 生物学通报,2010,45(2):4-6.

[146] 张雪松,闫艺兰,胡正华. 不同时间尺度农田蒸散影响因子的通径分析[J]. 中国农业气象,2017, 38(4):201-210.

[147] 龚雪文,刘浩,孙景生,等. 日光温室番茄不同空间尺度蒸散量变化及主控因子分析[J]. 农业工程学报,2017,33(8):166-175.

[148] Rana G, Katerji N. Measurement and estimation of actual evapotranspiration in the field under Mediterranean climate: a review[J]. European Journal of Agronomy, 2000, 13(2-3): 125-153.

[149] 文冶强,杨健,尚松浩. 基于双作物系数法的干旱区覆膜农田耗水及水量平衡分析[J]. 农业工程学报,2017,33(1):138-147.

[150] Jiang X L, Kang S Z, Tong L, et al. Modeling evapotranspiration and its components of maize for seed production in an arid region of northwest China using a dual crop coefficient and multisource models [J]. Agricultural Water Management, 2019, 222: 105-117.

[151] Katerji N, Perrier A. Modevlisation del'évapotranspiration réelle d'une parcelle de luzerne: rôle d'un coefficient cultural[J]. Agronomie, 1983, 3: 513-521.

[152] He B,Oue H, Oki T. Estimation of Hourly Evapotranspiration in Arid Regions by a Simple Parameterization of Canopy Resistance[J]. Journal of Agricultural Meteorology, 2009, 65(1): 39-46.

[153] Yan H F, Shi H B,Oue H, et al. Modeling bulk canopy resistance from climatic variables for predicting hourly evapotranspiration of maize and buckwheat[J]. Meteorology and Atmospheric Physics. 2015, 127(3): 305-312.

[154] 杨邦杰,Blac P. 土壤表面蒸发阻力模型与田间测定方法[J]. 地理学报,1997,52(2):177-183.

[155] 贾红. 稻田双源蒸散模型研究[D].南京:南京信息工程大学,2008.

[156] 贾红,胡继超,张佳宝,等. 应用Shuttleworth-Wallace模型对夏玉米农田蒸散的估计[J]. 灌溉排水学报,2008(4):77-80.

[157] 冯禹,崔宁博,龚道枝,等. 基于叶面积指数改进双作物系数法估算旱作玉米蒸散[J]. 农业工程学报,2016(9):90-98.

[158] 贾志军,姬兴杰. 三江平原稻田蒸发蒸腾量模拟研究[J].中国农业气象,2014,35(4):380-388.

[159] 张亨年.基于温室环境因子及作物生长生理信息的精量灌溉方式研究[D].镇江:江苏大学, 2019.

[160] 田义,张玉龙,虞娜,等.温室地下滴灌灌水控制下限对番茄生长发育、果实品质和产量的影响

[J]. 干旱地区农业研究,2006,24(5):88-92.

[161] 张西平,赵胜利,张旭东,等.不同灌水处理对温室黄瓜形态及光合作用指标的影响[J].中国农学通报,2007,23(6):622-625.

[162] 石小虎,曹红霞,杜太生,等.温室膜下沟灌水氮耦合对番茄品质的影响与评价研究[J].干旱地区农业研究,2013,31(3):79-82.

[163] 夏秀波,于贤昌,高俊杰.水分对有机基质栽培番茄生理特性、品质及产量的影响[J].应用生态学报,2007,18(12):2710-2714.

[164] 李晓东,孙景生,张寄阳,等.不同水分处理对冬小麦生长及产量的影响[J].安徽农业科学,2008,36(26):11373-11375.

[165] 张娟,郝仲勇,杨胜利,等.不同灌水上下限对温室白萝卜生长生理特性的影响[J].黑龙江水利,2016,2(8):1-7.

[166] 牛勇,刘洪禄,吴文勇,等.灌水下限对甜瓜生长及水分利用效率的影响[J].排灌机械工程学报,2013,31(10):901-906.

[167] 杨文斌,郝仲勇,王凤新,等.不同灌水下限对温室茼蒿生长和产量的影响[J].农业工程学报,2011,27(1):94-98.

[168] 牛勇,刘洪禄,吴文勇,等.不同灌水下限对日光温室迷你黄瓜生长指标的影响[J].灌溉排水学报,2009,28(3):81-84.

[169] 刘浩,孙景生,段爱旺,等.温室滴灌条件下水分亏缺对番茄生长及生理特性的影响[J].灌溉排水学报,2010,29(3):53-57.

[170] 韩建会,石琳琪,武彦荣.水分胁迫对日光温室黄瓜产量的影响[J].西南农业大学学报,2000,22(5):395-397.

[171] 廖凯.黄瓜不同生长适宜灌溉土壤水分指标试验研究[D].北京:中国科学院研究生院,2011.

[172] 丁兆堂,卢育华,徐坤.环境因子对番茄光合特性的影响[J].山东农业大学学报(自然科学版),2003,34(3):356-360.

[173] Ding R, Kang S, Zhang Y, et al. Partitioning evapotranspiration into soil evaporation and transpiration using a modified dual crop coefficient model in irrigated maize field with ground-mulching[J]. Agricultural Water Management, 2013, 127: 85-96.

[174] Liu H, Sun J, Duan A, et al. Experiments on variation of tomato sapflow under drip irrigation conditions in greenhouse[J]. Transactions of the Chinese Society of Agricultural Engineering 2010. 26(10): 77-82.

[175] 李道西,李自辉,刘增进,等.不同滴灌灌溉制度对温室黄瓜生理生态的影响[J].灌溉排水学报,2014,33(4):86-89.

[176] 杨俊华.不同水肥组合对温室沙地栽培黄瓜生长发育、产量和品质的影响[D].杨凌:西北农业科技大学,2014.

[177] 牛勇.日光温室迷你黄瓜耗水规律及灌溉制度研究[D].北京:北京林业大学,2009.

[178] 吴占景,饶碧玉,罗绍芹,等.不同土壤肥力对当归品质和产量的影响[J].南方农业学报,2011,42(11):1361-1364.

[179] 王绍辉,张福墁.不同水分处理对日光温室黄瓜叶片光合特性的影响[J].植物学报,2002,19(6):727-733.

[180] 申孝军,张寄阳,孙景生,等.基于恒水位蒸发皿蒸发量的膜下滴灌棉花灌溉指标[J].应用生态学报,2013,24(11):3153-3161.

[181] 陈平.石羊河流域温室番茄节水调质及优化灌溉制度试验研究[D].杨凌:西北农林科技大学,

　　　　2009.

[182] Saeed I A M, El-Nadi A H. Forage sorghum yield and water use efficiency under variable irrigation[J].
　　　　Irrigation Science, 1998, 18(2):67-71.

[183] 赵梦玉.气候条件对马铃薯产量的影响分析[J].种子科技, 2018, 36(7): 14.

[184] 费良军,汪爱科,王龙飞,等.日光温室基质栽培樱桃西红柿滴灌试验研究[J].排灌机械工程学
　　　　报, 2016, 34(12): 1070-1076.

[185] 徐海东,唐江华,苏丽丽,等.耕作方式对夏大豆光合特性及产量形成的影响[J].新疆农业大学
　　　　学报,2016,39(1):45-49.

[186] Liu H, Li H H, Ning H F, et al. Optimizing irrigation frequency and amount to balance yield, fruit
　　　　quality and water use efficiency of greenhouse tomato[J]. Agricultural Water Management, 2019, 226,
　　　　105787.

[187] Ali A,Yan H F,Li H,et al. Enhancement of DEpleted Loam Soil as Well as Cucumber Productivity Uti-
　　　　lizing Biochar Under Water Stress[J]. Communications in Soil Science and Plant Analysis, 2018, 50:
　　　　49-64.